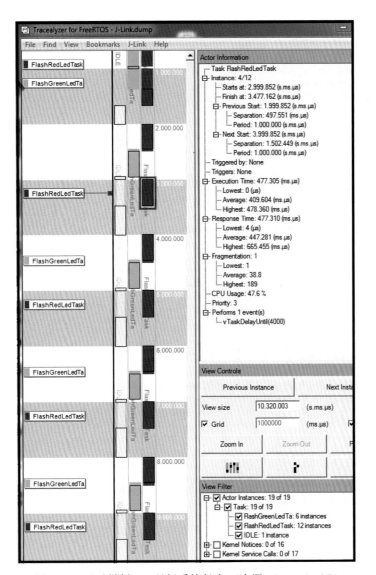

图 12.6　显示样例——目标系统行为 1(来源：Percepio AB)

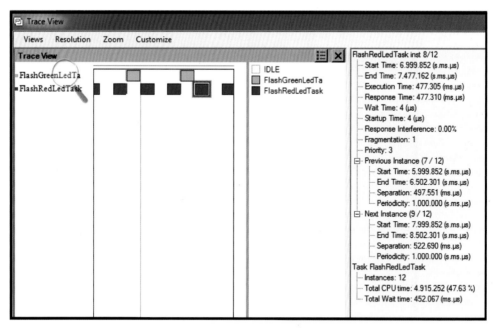

图 12.7　显示样例——目标系统行为 2(来源：Percepio AB)

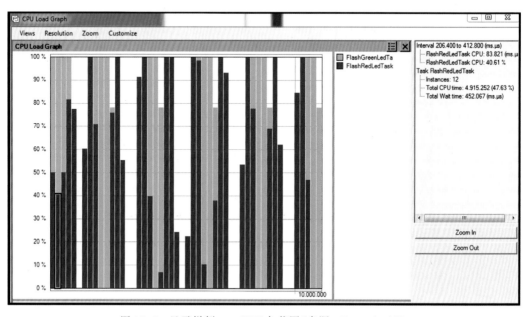

图 12.8　显示样例——CPU 负载图(来源：Percepio AB)

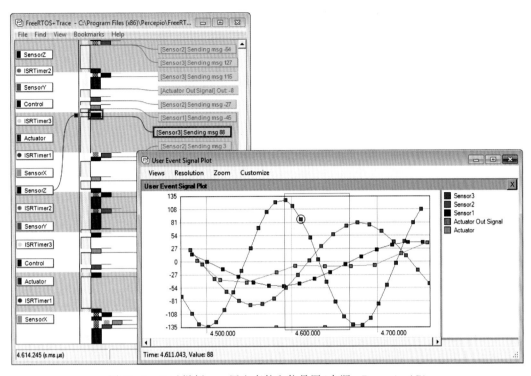

图 12.9　显示样例——用户事件和信号图(来源：Percepio AB)

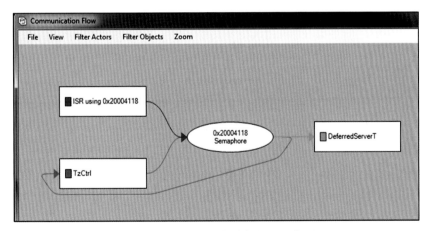

图 12.10　显示样例——通信流图(部分任务图)(来源：Percepio AB)

清华开发者书库

Real-time Operating Systems

Book 1: The Theory

嵌入式实时操作系统

理论基础

[英] 吉姆·考林（Jim Cooling） 著

何小庆 张爱华 何灵渊 付元斌 译

清华大学出版社

北京

内 容 简 介

本书首先介绍了嵌入式实时操作系统（RTOS）的基本概念，包括什么是 RTOS、RTOS 的组成和结构、为什么要在设计中使用 RTOS、RTOS 运行的微处理器架构（单核和多核处理器）以及集中和分布式计算系统；接着进一步深入到 RTOS 内核机制，详细阐述了 RTOS 的调度方法、通信机制、存储管理和资源共享等 RTOS 核心基础理论知识；然后作者依托丰富的实时系统工程和研究经验，对调度策略进行分析，讨论 RTOS 性能测试和相关分析工具的使用，对于实际问题给出解决方法；安全关键系统是嵌入式实时操作系统的重要应用场景，本书最后专门用一章来讨论在安全关键系统中使用 RTOS 的一些问题，非常具体和实用。

本书的读者可以是高等院校相关专业的学生，也可以是想要进入软件领域的工程师、即将进入嵌入式领域的软件工程师，还可以是对软件的实时系统感兴趣的爱好者。

北京市版权局著作权合同登记号　　图字：01-2023-1357

本书封面贴有清华大学出版社防伪标签，无标签者不得销售。
版权所有，侵权必究。举报：010-62782989，beiqinquan@tup.tsinghua.edu.cn。

图书在版编目（CIP）数据

嵌入式实时操作系统：理论基础/（英）吉姆·考林（Jim Cooling）著；何小庆等译. —北京：清华大学出版社，2023.6
（清华开发者书库）
ISBN 978-7-302-63427-0

Ⅰ.①嵌… Ⅱ.①吉… ②何… Ⅲ.①实时操作系统 Ⅳ.①TP316.2

中国国家版本馆 CIP 数据核字（2023）第 080589 号

责任编辑：刘　星
封面设计：刘　键
责任校对：李建庄
责任印制：丛怀宇

出版发行：清华大学出版社
　　　　网　　　址：http://www.tup.com.cn，http://www.wqbook.com
　　　　地　　　址：北京清华大学学研大厦 A 座　　　邮　　编：100084
　　　　社 总 机：010-83470000　　　　　　　　　邮　　购：010-62786544
　　　　投稿与读者服务：010-62776969，c-service@tup.tsinghua.edu.cn
　　　　质量反馈：010-62772015，zhiliang@tup.tsinghua.edu.cn
　　　　课件下载：http://www.tup.com.cn，010-83470236
印 装 者：三河市春园印刷有限公司
经　　销：全国新华书店
开　　本：186mm×240mm　　印　张：15.25　　彩　插：2　　字　数：344 千字
版　　次：2023 年 7 月第 1 版　　　　　　　　　　印　次：2023 年 7 月第 1 次印刷
印　　数：1～2000
定　　价：99.00 元

产品编号：096955-01

推荐序
FOREWORD

实时操作系统(RTOS)广泛应用于消费电子、娱乐产品、家用电器、工业设备、医疗仪器、军事武器和科研设备中,在航空航天控制系统、汽车工业、银行金融、机器人系统、安全和电信以及交通控制等安全攸关领域发挥着关键作用。

到底什么是RTOS? RTOS与通用操作系统到底有什么区别? 业界有时候很难定论,由国内知名嵌入式系统专家何小庆老师团队翻译的《嵌入式实时操作系统——理论基础》一书很好地回答了这些问题。

RTOS首先至少需支持优先级抢占式调度,任务间同步与通信应能避免优先级反转,并提供高精度定时器。RTOS往往运行在资源受限的设备,调度资源确定性与调度时间确定性是重要需求,进而可以保证在事先确定的时间内使用系统资源。作为RTOS,时间是极其重要的功能属性,截止时间、上下文切换时间、中断延迟及响应时间等这些时间概念在本书中均给出了很好的说明。此外,RTOS对内存管理与中断管理也有特殊的要求,比如提供用户可访问的中断功能、提供内存保护机制等。

作为基于RTOS进行嵌入式系统开发的工程师,具备一定的RTOS理论基础是非常必要的,部分缺乏理论基础的工程师认为任务排队与实时调度引入了不确定性而不能在RTOS中使用,这实际上是对实时调度理论的误解。本书内容有助于RTOS相关开发人员解决实际开发中遇到的一些系统性能问题,特别是与时间相关的问题。

本书介绍了RTOS相关基础与调度概念基础,并详细地分析了各类实时调度策略。本书的一大特点是用两章的内容充分介绍了资源调度,包括使用互斥机制控制资源共享、资源共享和争用问题及存储资源的使用和管理,这对于解决调度资源确定性与调度时间确定性至关重要。本书专门介绍了任务间同步与通信,并就RTOS在多处理器系统与分布式系统中使用时遇到的一些问题进行了分析。

本书内容丰富,图解详尽。本书的一个独特而有效的特点是讲解了RTOS的性能和基准测试、多任务软件的测试和调试以及在关键系统中如何使用RTOS,以便裸机开发人员在转移到基于RTOS开发时,更好地开展性能评估与分析。本书附录A介绍了处理器间通信与图形用户界面;附录B是参考指南链接,包括各类通信产品、文件系统、图形用户界面、主要RTOS产品及性能分析工具,方便开发人员进一步学习和熟悉实时操作系统生态圈。

本书的出版是何小庆老师团队的共同努力,他们持续关注国内外嵌入式RTOS发展,自2012以来他们已出版5本RTOS译作,致力于推动我国嵌入式系统产业发展并支撑嵌入式系统学术发展。他们无疑是国内嵌入式 RTOS 领域的顶尖专家团队。他们的杰出贡献使本书补充了 RTOS 在理论方面的不完整性。这本书确实是对嵌入式 RTOS 领域的重大贡献。

最后，我要祝贺翻译者们的扎实工作，期待本书的出版。

谢国琪

嵌入式与网络计算湖南省重点实验室主任、CCF 嵌入式系统专委会副秘书长

2023 年 4 月写于湖南大学

译者序
FOREWORD

本书作者 Jim Cooling 博士的另外一本书《嵌入式实时操作系统——基于 STM32Cube、FreeRTOS 和 Tracealyzer 的应用开发》已经由清华大学出版社于 2021 年 5 月出版,这两本书可谓是姊妹篇,一本侧重理论,一本侧重实战。

《嵌入式实时操作系统——基于 STM32Cube、FreeRTOS 和 Tracealyzer 的应用开发》出版后读者的反馈很积极,出乎我们的预料。大家普遍认为这本书对实时操作系统(RTOS)内核机制分析非常细致,API 使用和实验数据讲解透彻。有几位老师已经着手将图书内容和实验应用在高校嵌入式系统和物联网专业的课程中。与这些高校老师探讨课程建设和课件撰写,这也是促使我们团队决定翻译本书的原因之一。Jim Cooling 博士一直鼓励我们将本书翻译出版,本书的英文版在亚马逊网站读者的评价也非常正面。2021 年 5 月,Jim Cooling 博士完成了本书修订内容的撰写工作后,第一时间将书稿发给了我们。

本书介绍了 RTOS 调度方法、通信机制、存储管理和资源共享,这些是 RTOS 核心基础理论知识。依托作者丰富的实时系统工程经验,本书对调度策略进行分析,讨论 RTOS 性能测试和工具使用的问题,以及在安全关键系统中如何使用 RTOS 的问题。展望未来,针对 RTOS 的技术热点,对多核(多处理器)、分布式系统以及微内核技术内容本书也有涉及。

实时系统和调度算法的研究在学术界不乏有许多专著和论文,但基于 RTOS 的研究与讨论很少,本书第 2 章和第 9 章讲述的调度与调度策略具有相当高的学术水平。产业界关于功能安全的讨论和专著很多,但很少涉及基础软件层面,本书第 13 章对基于 RTOS 的功能安全软件的实现方法做了深入分析,这对国内正在从事汽车和工业功能安全设计的开发者将有很大帮助。

本书内容并没有依托哪家公司商业的、开源的 RTOS 产品,可以说是纯理论专著。可贵的是,本书问题的讨论并不仅限于纯理论,许多观点的阐述结合了作者工程应用的实践经验并给出了具体指导,这对于 RTOS 系统级开发非常有价值。

嵌入式实时操作系统有着悠久的发展历史和坚实的技术积淀。RTOS 嵌入在电子设备的"心脏"——嵌入式处理器或微控制器上,应用范围覆盖消费电子、物联网、工业、军事、航空航天和通信等领域。物联网端侧设备的智能化是催生 RTOS 广泛普及的推手,以 RTOS 内核为底座的物联网操作系统已经在物联网领域广泛应用,比如 FreeRTOS 和 RT-Thread。根据产品的属性不同,RTOS 生命周期可以有数年到几十年不等,许多应用场景有极为严格的安全和可靠性要求,比如汽车和医疗电子产品。

随着物联网和人工智能产业发展的不断创新,智能关键系统安全(功能安全和信息安全)需求增加,汽车和工业电子处理器架构升级,多核异构处理器混合布置等,促使 RTOS 向微内核和虚拟化技术新方向发展。嵌入式实时操作系统面对智能系统应用新需求而创新,并且随着处理器架构的发展如今正在步入一个新的历史阶段。因此,掌握一种 RTOS 是高校电子信息、自动化和计算机专业的学生和年轻工程师们的一门必修课。

长期以来,高校嵌入式系统课程都有包含 RTOS 的内容,过去使用 μC/OS-Ⅱ 比较多,现在开始使用国产开源 RT-Thread。因为课时少的原因,高校嵌入式课程中的 RTOS 内容还很单薄,学生很难深入了解一种 RTOS 的原理与应用。走上工作岗位,研发任务重,学生们只能利用业余时间自学补上这一课。

我们相信,本书的翻译出版对嵌入式系统开发者、高校老师、学生和科研人员深入学习和掌握 RTOS 技术,开发好一个 RTOS 应用系统将有实实在在的帮助。高校教师可以将《嵌入式实时操作系统——理论基础》和《嵌入式实时操作系统——基于 STM32Cube、FreeRTOS 和 Tracealyzer 的应用开发》两本书结合起来,理论联系实际,开发出一门嵌入式实时操作系统课程。国产软件和芯片企业的研发人员也将从本书中收获颇丰,提升自己对 RTOS 机制的理解,解决应用中的难点问题。

本书第 1、2、9、11 章和附录 A 由何灵渊翻译,第 3、4、13 章由张爱华翻译,第 5、6、12 章由付元斌翻译,第 7、8、10、14 章和附录 B 由何小庆翻译,本书统稿由何小庆、何灵渊完成。我们团队自 2012 年翻译出版《嵌入式实时操作系统 μC/OS-Ⅱ 应用开发》到今天已经有 5 本译作,10 年来有些伙伴开始新的职业生涯,但仍在业余时间参与翻译工作,这一切源自我们对嵌入式软件和 RTOS 的喜爱。

感谢湖南大学谢国琪教授对本书做了评阅,谢老师是国内知名实时系统专家,谢老师团队正在从事基于 Zephyr RTOS 嵌入式虚拟机的开源项目研究。感谢清华大学出版社愿意出版这样一本小众而且是纯理论的专业科技图书,编辑、排版、印刷都非常出色。

受到我们专业知识和翻译水平的限制,书中的不妥和错误在所难免,欢迎广大读者批评指正,我们将把你们的意见放在勘误和修订之中。

欢迎读者朋友通过"麦克泰技术"和"嵌入式系统专家之声"微信公号与我们团队联系,过去几年我们开发了一系列嵌入式实时操作系统课程和实验套件。我们计划围绕新书开发配套课件和视频课程,期待与产业和高校共建嵌入式实时操作系统的繁荣生态。

译者团队

2023 年 4 月

前 言
PREFACE

本系列书的内容是什么

《嵌入式实时操作系统——理论基础》和《嵌入式实时操作系统——基于 STM32Cube、FreeRTOS 和 Tracealyzer 的应用开发》为系列图书,旨在为嵌入式实时操作系统开发提供坚实的基础知识和技能,内容主要分为两类:

(1) 相关的基础知识。

(2) 实现特定设计的方法和开发技能。

来自成熟专业领域(电子、机械、航空工程等)的工程师能够清楚地理解两者间的不同。有经验的工程师也懂得,对于基础知识的理解是施展技能的先决条件。遗憾的是,在软件工程领域,这一道理时常被忽视。

谁应该阅读本系列书

本系列书的目标读者是实时嵌入式系统软件开发者,或者计划进入该领域的人士,主要考虑了下面四个方向的读者群:

(1) 学生。

(2) 想要进入软件领域的工程师和科学家。

(3) 即将进入嵌入式领域的专业软件工程师。

(4) 在基于软件的实时系统的基本原理方面没有接受过正式教育的程序员。

本书的内容是什么

本书涉及实时嵌入式系统的基本原理,旨在回答下面这些问题:

(1) 实时操作系统(RTOS)是什么?

(2) 为什么要在设计中使用 RTOS?

(3) 使用 RTOS 有什么缺点?

(4) 嵌入式实时操作系统有哪些组成部分?

(5) 现代嵌入式系统可以使用单处理器、多处理器和多计算机架构,我们如何在多种平台上部署 RTOS?

(6) 如何评估 RTOS 的性能? 如何改善性能?

(7) 如何调试基于 RTOS 的设计?

目录展示了关于内容的更多细节。每一章的开头都会清楚地列出目标,推荐快速阅读这些目标,从而了解全书的范围和意图。

与本书配套的《嵌入式实时操作系统——基于 STM32Cube、FreeRTOS 和 Tracealyzer 的应用开发》(已由清华大学出版社于 2021 年 5 月出版),其中包含帮助理解核心基础知识(本书第 1~5 章)的实验。在阅读原理的同时,推荐进行相关的实验,这有助于将来解决真实的 RTOS 设计问题。

应该如何阅读本书

无论是否有经验,请大家务必阅读第 1 章,而且要充分吸收其中的信息。如果不能真正地理解第 1 章讨论的问题,你将很难做出好的设计。

第 2~6 章是和实时嵌入式系统相关的基础知识,其中不仅展示了多任务设计的实现方法,还讨论了为什么要用特定的方法,目标读者是初次接触实时嵌入式系统任务设计和实现的开发者。这几章重点针对单核处理器进行讨论。第 7、8 章扩宽了范围,讨论了多处理器和分布式系统(这两者之间的边界并不是那么清晰)。

第 9 章进一步扩展了针对任务调度方法的讨论,内容基本是理论性的,并带有一些实践性方面的倾向。之所以这么晚才进入这一主题,是为了让读者能够更容易地理解其内容。如果已经充分地掌握了基础概念,这一章应该很容易理解。

第 10~12 章是和实时操作系统的实用性相关的内容。如果刚进入 RTOS 领域,第 10 章有助于理解不同操作系统结构之间的区别,这在选择第一个 RTOS 的时候十分有用。与此对应,如果已经构建好了系统,第 11、12 章会更为实用,这两章和运行时的软件行为、质量、可靠性有关。

第 13 章的主题是在关键系统中使用 RTOS,描述了针对更高的安全完整性等级,改善 RTOS 安全性及可靠性的步骤。随着对可信嵌入式系统需求的增加,安全关键软件已经成为一个热门话题。这一章包括许多增强系统健壮性的方法,适用于不那么关键的应用。即使你的工作不需要和关键系统打交道,这一章也非常值得阅读。

致谢

书中引用了一些图片,在相应图片的下方给出了来源,在此表示感谢。最后,我想要感谢我的儿子 Niall,他帮助我检查了书稿,指出了代码中好几个问题。

读者们,希望你们喜欢本书,祝你们一切都好。

吉姆·考林(Jim Cooling)

2022 年 5 月写于马克菲尔德(英国)

目 录
CONTENTS

配套资料

第 1 章

实时操作系统基础

本章目标

- 展示使用实时操作系统(RTOS)的好处。
- 说明使用 RTOS 的缺点(得到一些,也失去一些)。
- 描述 RTOS 如何支持简化软件的功能设计,让开发出高质量的系统变得更容易。
- 强调基于 RTOS 设计中时间和时序的重要性。
- 描述基于任务设计的基本目标、结构和运行。

1.1 背景

在大型计算机的世界中,操作系统(OS)已经存在很久了。最早的操作系统可以追溯到 20 世纪 50 年代,60 年代的操作系统有了显著进步,到了 70 年代,操作系统的概念、结构、功能和接口已经十分完善了。

微处理器出现于 20 世纪 70 年代,按理说操作系统在基于微处理器的设备上应该能快速发展,但是事实上直到 80 年代中期市面上都没有几个可以正式被称为实时操作系统的产品。虽然 CP/M 于 1975 年面世,之后英特尔也将其嵌入到了芯片中,作为针对桌面计算机设计的操作系统,它对实时领域的影响微乎其微。

两个因素影响了 RTOS 的发展,一个是硬件限制,另一个是围绕微处理器的设计文化。早期微处理器的计算能力、运行速度和存储容量都十分有限,在其上实现完整的操作系统结构非常困难。另外,大多数嵌入式系统工程师往往也没有操作系统的经验。

今天的技术就大不一样了,现代嵌入式系统设计主要依赖低成本、高性能的 32 位微控制器,它们往往有着足够的片上存储空间,并提供多种外设功能,市面上也有许多商用的 RTOS。能够做一件事不代表着应该做一件事,需要思考:在你的设计中使用 RTOS 的原因是什么? 首先,需要回答一个更基础的问题:应该如何设计嵌入式系统中的软件? 这正是本章的主要内容。本章为务实的设计技巧打下基础,并展示 RTOS 在嵌入式系统软件中的角色。

1.2 开发高质量的软件

软件质量看起来和操作系统关系不大,但事实正相反,我们可以从中学到很多。

如果要定义什么是高质量软件,下面的几点可以作为参考。

(1) 软件应该正确完成任务(功能正确性)。

(2) 软件应该在合适的时间内完成任务(时间正确性)。

(3) 软件的行为应该是可预测的。

(4) 软件的行为应该是一致的。

(5) 代码维护相对容易(低复杂度)。

(6) 代码正确性是可以分析的(静态分析)。

(7) 代码的行为是可以分析的(动态分析)。

(8) 运行时性能应该是可预测的。

(9) 内存需求应该是可预测的。

(10) 必要的话,可以证明代码符合相关的标准。

当然,可以继续添加要求。

考虑图 1.1 中的小型简单实时系统。这里的需求是通过改变液体的流速控制其温度,具体过程如下所述。

图 1.1　基于处理器的简单实时系统

(1) 通过温度传感器测量液体的温度。

(2) 将测得温度和目标温度进行比较。

(3) 产生控制信号,调整控制冷却剂的执行器的位置。

软件的功能包括数据采集、信号的线性化和缩放、进行与控制相关的计算以及驱动执行器。

这是一个核反应控制系统中的 SIL(Safety Integrity Level——安全完整性等级)4 级安全关键子系统,系统中禁止使用中断。

解决方案虽然不唯一,但是基本上会是下面这样的形式:

代码清单 1.1

```
循环:
    测量温度;
    信号线性化;
    信号缩放;
    计算控制信号;
    设置执行器位置;
```

```
    睡眠 xx 毫秒;
  goto 循环;
```

代码清单 1.1 所示的是一个连续的应用级代码程序单元,许多底层细节都被隐藏起来了。

程序底层的操作主要和系统硬件及活动相关,即使使用高级编程语言,程序员也必须对机器硬件和功能有着深层次的理解。这正是传统微处理器编程的一大问题:好的设计需要软硬件的专门知识。即使是上面这样简单的例子,程序员也需要较高的硬件和软件技能。

1.3　软件建模

完成一个能够运行的程序需要好几步的过程,如图 1.2 所示。首先是软件设计(逻辑模型),然后是通过源代码实现设计(物理模型)。源代码通过编译和链接(构建)之后产生目标代码(部署模型),最终目标代码载入到处理器上执行(运行时模型)。许多现代的集成开发环境(IDE)能够统一执行代码的构建和下载。

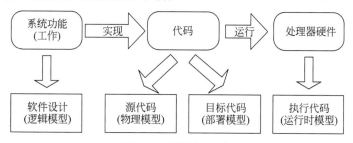

图 1.2　从设计到运行

这里暂时将设计模型放到一边,主要关心代码和运行时模型。

图 1.3 所示的是代码模型的关键元素。通过现代的工具集开发过程能够大为简化,但是源代码的结构和分配依然不能自动化。程序员必须做出这些关键决定,之后在讨论设计模型时会回到这个话题。

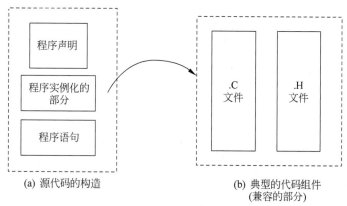

图 1.3　代码模型的关键元素

代码模型能告诉我们软件的静态构成,这和运行时模型相反。后者代表运行中的代码,主要由代码、数据和处理器组成(见图1.4)。运行时模型可以被定义为一个软件过程,在嵌入式的世界里也被称为一个任务。在后面的章节会深入探讨任务的概念,简单来讲,任务代表一个顺序程序的执行。

现阶段将运行时模型称为任务模型。

针对代码模型的改动通常会影响到任务模型,所以开发者必须要充分理解并记录它们之间的关系。

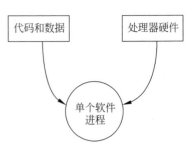

图1.4 软件过程的运行时模型

1.4 时间和时序的重要性

为了说明嵌入式系统设计的一个要点,现在暂时离题一下。图1.5所示的是三代使用三轴自动稳定系统的飞机,三个系统在真实世界需要达成的任务是一致的,但是使用的技术截然不同。其中基于微处理器和基于另外两个系统最大的不同之处在于:运行是离散的还是连续的。

图1.5 控制系统——三代不同的技术

(来源:Tim Beach,FreeDigitalPhotos.net;Bernie Condon,FreeDigitalPhotos.net)

在连续(模拟)电子系统中,操作可以同时(并发)运行,不同操作的处理也是立即进行。在基于处理器的系统中,不同的操作是相互离散的,所以不能实现同样的效果,具体来讲:

(1)处理器在一个时刻只能处理一件事情(顺序机)。

(2)操作需要时间——事情不会即刻发生。

这两个因素给设计带来了很多不便,如果在开始设计时不了解系统的定时需求,会遇到很多问题。

现在回顾之前的设计(见图1.1),可以看到任务的代码:

(1)在一个无限循环中执行。

(2)每一个循环都会完成工作(运行到完成)。

(3)工作有截止时间(T_d)。

(4)完成工作需要时间(任务执行时间 T_e)。

(5)按照一定的周期定期重复("周期"运行——T_p)。

(6)延时期间什么也不做(空闲时间 T_s)。

(7)需要一个定时机制进行周期控制(这里多半是使用一个硬件定时器)。

在本设计中 T_p(周期时间)和 T_d 是系统需求的一部分,T_e 取决于我们的代码解决方案,之后 T_s 也就能够确定了。举例来说,T_p 为100ms,T_e 为5ms,那么 T_s 就是95ms,即处理器每100ms中的5ms在执行代码,利用率(U)为5%,如图1.6所示。

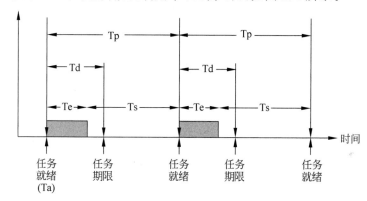

图1.6 任务时序——基础定义

这些数字对设计有什么影响呢?首先,每次激活时,任务都会运行到一个完成点。其次,一个实用的系统需要有一定的空闲时间。最后,即使代码可以在一个周期内全部执行,也不意味着其性能是可以接受的。从输入到输出的时间(延迟)可能会对系统的整体行为造成不良影响。

1.5 处理多个任务

上面例子的代码结构让我们能构建最好的软件,但如果一个程序单元内只包含一个任务,这种方式怎么规模化呢?当处理多个任务时能够达到和单一任务设计一样的质量吗?我们很快会知道,答案并不是固定的。

假设要为一个基于微处理器的两轴照相机平移/倾斜稳定系统编程,任务(函数)"稳定图像"包含两个子任务,如图1.7所示。

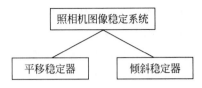

图 1.7　图像稳定系统的功能描述

假设轴的时序需求如下。

（1）平移：25Hz 取样率（每秒 25 次，Tp＝40ms）。

（2）倾斜：50Hz 取样率（Tp＝20ms）。

为了开发这个系统的运行时软件，在之前的简单系统上进行改进，如图 1.8 所示。

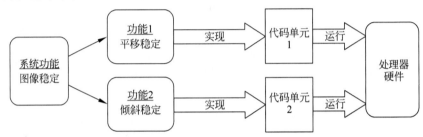

图 1.8　从设计到运行——多个任务

现在不仅要运行多个代码单元，还要以不同的速率运行它们，因此需要能够进行整体协调的代码，即某种形式的执行控制"引擎"。在使用 C 语言的软件中可以采用如图 1.9 所示的方式。

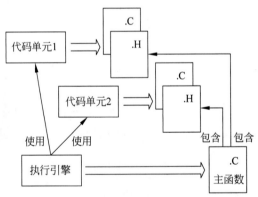

图 1.9　照相机稳定系统的代码模型

每个代码单元都以一个 C 函数实现。

（1）代码单元 1（函数 1）：RunPanStabilizer()。

（2）代码单元 2（函数 2）：RunTiltStabilizer()。

（3）执行引擎：在主函数中实现（例如代码清单 1.2 所示）。

代码清单 1.2

```
int LoopCounter = 1;
int TwentyMilliseconds = 20;                /*平台特定*/
while(1)
{
  If (LoopCounter == 1)
  {
    RunPanStabilizer();
    RunTiltStabilizer();
    LoopCounter = 2;
  }
  else
  {
    RunTiltStabilizer();
    LoopCounter = 1;
  }/*if 结束*/
  DelayUntilTime(TwentyMilliseconds);
}/* while 结束*/
```

注意：为了代码的清晰易懂，牺牲了代码效率。

现在我们的设计有了一个不错的基础，但是其中还是有几个明显的缺点。

1.6 多个任务的复杂情形

现在分析一个复杂度稍高一些的系统，如图 1.10 所示，这样的系统常见于中小型应用中。

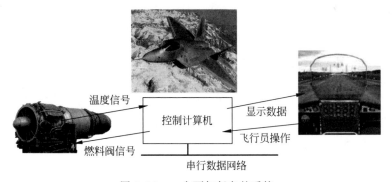

图 1.10 一个更加复杂的系统

系统的主要功能是控制喷气式引擎的排气温度。温度的测量是通过热电偶完成的，模拟信号被数字化，计算机会处理错误信号，然后校正信号会被发送到燃料阀。这个系统单元还需要完成多个次要任务。首先，飞行员要能够通过键盘/显示器访问所有系统数据。其次，飞行数据记录仪必须能够通过串行数据链路取得同样的数据。基于上述系统信息进行软件的开发，基于功能设计得到的模型如图 1.11 所示。

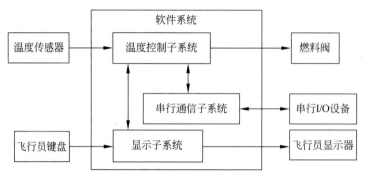

图 1.11　样例系统——软件设计模型概览

开发过程的下一步是将每个子系统作为一个单独的代码单元实现,这很简单,但让执行引擎正确地执行它们则是另一码事;从上面给出的运行需求来看,这样的解决方案多半不能满足要求。

问题的根源是函数间的异步并行(独立并发)。系统需要处理几个独立的任务,在真实世界中它们可能:

(1) 需要定时执行——周期函数。

(2) 需要随机执行(并非预先设定好)——异步或者非周期函数。

(3) 需要被同时处理。

(4) 对时序有着截然不同的需求。

研究一下系统的需求,就会知道为什么之前的方式会失败。

下面是关于时序的信息。

(1) 控制循环:周期执行,采样率 10Hz(即 100ms/周期)。

(2) 控制循环:执行时间预计为 5ms。

(3) 串行通信:设计采用 4 字节缓存接收发送器(RT),数据率为 1Mb/s,消息长度 8 字节。这意味着消息流到达时,缓存会在 32μs 内被填满。

(4) 显示:计算机必须在可接受的时间内对键盘操作进行响应,例如可以是 250ms。

如果在 RT 单元中发生了缓冲区溢出,现存的数据将会被破坏,为了防止这样的状况,在溢出发生前就应该读取已有的数据。如果使用轮询检测 RT 数据,轮询的速率必须非常快(至少每 32μs 一次)。

其结果是我们无法用简单的方式实现优雅的软件设计。那么怎样才能解决这个问题呢?答案是改变执行引擎,运用处理器的中断机制驱动软件。

1.7　中断作为执行引擎——简单的准并发

一个定时器超时,一个开关被按下,一个外设需要关注,这些都是计算机系统会遇到的真实事件。发生了这些事件,软件是怎么知道的呢?检测这些事件的方法只有两种:主动寻找事件(轮询)或者直接向处理器发出信号(硬件中断)。

之前在一个顺序程序单元中使用了轮询,现在探讨硬件中断——直接作用到处理器上的电子信号。中断产生时程序会做出事先确定的响应并执行一些代码(由程序员决定),因此中断可以被看作一部分软件的代码执行引擎。在引擎温度控制系统中使用中断的结果是如图 1.12 所示的运行时模型,注意这个模型来自我们的经验,设计的解决方案并不唯一。

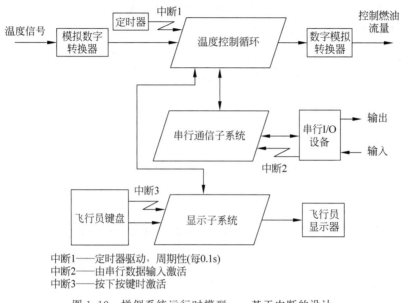

中断1——定时器驱动,周期性(每0.1s)
中断2——由串行数据输入激活
中断3——按下按键时激活

图 1.12 样例系统运行时模型——基于中断的设计

中断如图 1.12 中锯齿线所示,箭头始发处是中断信号的来源,比如中断 1 是由定时器芯片输出的逻辑信号产生的。温度控制循环被中断激活并开始执行,运行到结束后等待下一个中断。中断 2 也是由逻辑信号(来自 RT 单元)产生的,中断会调用通信代码。飞行员键盘按钮被按下时会产生中断 3,调用显示器相关的代码。

现在有了数个由中断激活的软件子系统,它们之间相互合作。如果在一个单处理器系统上实现,代码单元不能真正并发,它们必须以分时的方式共存。从真实世界的角度而言,只要看上去代码同时都在执行,分时就不是一个问题。另外需要注意,当一个代码单元运行时它会占用全部的计算资源,看上去占有了处理器,这意味着可以按照每一个函数都有自己的处理器(抽象处理器)那样设计软件。

现在能够以看上去是并发的方式执行一组单独的进程(任务),即伪并发。换言之,通过中断能够同时运行多个任务,可谓是穷人的多任务处理。本节到现在为止的几个要点如下。

(1) 中断是实现设计的重要机制。

(2) 中断简化了系统的功能设计。

(3) 中断让处理不同的定时/响应需求变得更加简单。

(4) 实际的运行时行为无法预测,也不能被静态分析(多数情况下)。这是并发软件设计中最重要的问题之一,在后面的章节中还会提及。

通过基于中断的任务设计可以直观地将逻辑模型映射到代码,因此可以保留原设计结构。但缺点有两个:首先,开发者必须软硬件兼修才能高效地应用这种设计。第二,这种任务分时的方法非常有限,没有经验的设计者实现的系统可能会有行为和性能上的不足。

操作系统的核心功能是减少程序员的负担,其他的操作系统功能都从这一点出发。操作系统能屏蔽计算机的复杂性,让程序员专注于他们的任务,而不必要掌握中断、定时器、模拟/数字转换等方面的细节知识。其结果是,计算机可以被看作一个能安全、正确和及时运行的虚拟机器,给生活带来便利。

1.8　实时操作系统的基本功能

基于上面的讨论,硬件和操作系统软件必须支持:

(1) 程序的任务结构。

(2) 通过组合互相独立的单元实现任务(任务抽象化)。

(3) 操作的并行(并发)。

(4) 在事先确定的时间内使用系统资源。

(5) 随机地使用系统资源。

(6) 只需要最低限度的硬件知识就可以实现任务。

这些对于所有操作系统都适用,但这不意味着所有操作系统都是以它们为目标设计的。

使用商用操作系统能为所有计算机应用带来两个好处:降低开销、增加可靠性。使用计算机的方式也对操作系统的设计哲学有很大影响。举例来说,大型主机环境非常复杂,运行一段时间后,在某一时刻正在运行的任务的数目、复杂度和规模就都无法预测了,此时主要的需求是提高任务的吞吐量。相反,在嵌入式应用中任务有着清晰的定义,处理器必须能在指定的时间内处理全部的计算任务。因此,尽管操作系统必须是高效的,但相对于性能我们更关心的是性能的可预测性,操作的可靠性是极其重要的。

现在再次回顾我们的样例系统,系统有三个任务:引擎排气温度控制、向飞行记录仪提供数据、为飞行员提供人机界面。对于这样一个小型系统而言,如果每个任务都在一个不同的处理器上运行(多处理器),这样做既昂贵又复杂,而且从技术角度而言是小题大做。我们可以只用一个处理器,大多数嵌入式系统都是如此。为了和多处理技术相区别,本书将单处理器多任务设计称为多任务系统(该定义并不完全正确,但是一般使用没有问题)。

现在有了三个互相独立的任务,这带来了几个有趣的问题,图 1.13 所示的是借助操作系统多任务功能的处理方案。首先,要确定任务在何时运行(以及运行的原因)——即需要任务调度机制。然后,需要协调任务间共享的资源,避免资源的损坏——即需要互斥机制。最后,本例中的任务必须能够互相沟通,需要通信机制——同步和数据传输。在一个多任务系统中,任务可以执行完全独立的不同功能,即功能独立。比如一个单片数字控制器上不同的控制通道,这些任务各自进行自己的工作而不需要互相通信,每个任务都以假设自己全权控制计算机的方式运行。但这并不意味每个任务有自己独享的资源,系统设施依然是共享的。举例来说,每个控制通道需要时常通过一个共享数字链路向远程计算机汇报状态,在某个时间点任务间会因为这个共享资源产生冲突,一般需要通过互斥功能解决这类问题。

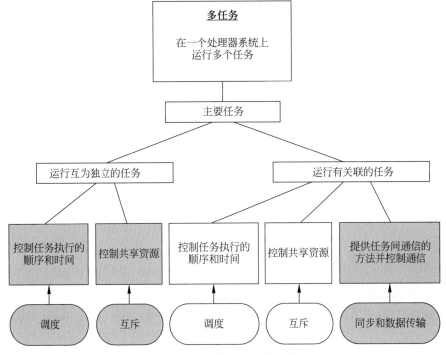

图 1.13　多任务系统的目标

1.9　执行系统、内核和操作系统

我们还没有定义何谓操作系统,牛津计算机词典的定义:"一组软件产品,它们共同控制系统资源和进程对资源的使用"。然而,想要精确地定义操作系统和其组成要困难许多,许多操作系统有着类似的整体结构,但是细节上往往有很大出入。嵌入式操作系统相比主机操作系统而言规模更小,也更简单。图 1.14 所示的是一个典型的小型现代操作系统结构,图中有数个相互独立且定义明确的功能。

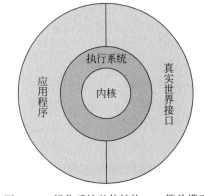

图 1.14　操作系统整体结构——简单模型

首先考虑第二层环:执行系统,和控制相关的功能全部集中在这里。它负责整体控制全部的计算机程序。用户任务(程序)和其他系统活动(包括其他任务)通过执行系统进行交互,这和顺序执行(单一"线程"执行)的设计不同,顺序执行中一个程序内有许多任务。任务间相互独立,各自通过执行系统调用系统资源。执行系统直接控制调度、互斥、数据传输和同步,做到这些需要最里层内核的帮助。可以说执行系统是管理者,内核则是执行者。现在暂且先不涉及执行系统和内核的具体功能。

外环左侧的应用程序不需要太多解释,它们通过应用程序编程接口(API)使用 RTOS 软件。右侧的真实世界接口由对接硬件的软件组成。系统中的硬件取决于具体的设计,它们由标准软件例程驱动,典型的系统硬件如可编程定时器、可配置 I/O 接口、串行通信设备、模拟/数字转换器、键盘控制器等。任务可以直接访问 I/O 设备,但更多情况下任务通过操作系统提供的例程和真实世界交互。

综上所述,每个任务可以假设自己是系统的唯一用户。程序员可以认为程序能够访问和控制全部的系统资源,需要时可以用清晰简单的方式与其他任务进行通信。所有系统功能都能够通过标准方式进行访问(方式取决于具体的系统),不需要具备硬件和底层编程的知识。最后,程序员不需要采用防御性编程就可以保证系统的安全运行。

实现这些目标的方法取决于具体执行系统和内核的设计。

1.10　基于任务的软件设计——回顾

从基于任务的设计到实现需要六步。

第一步,清楚地定义系统的规模,建立问题的系统级视图,即确定整体功能(见图 1.15)。

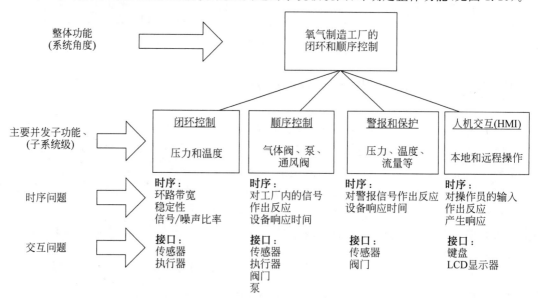

图 1.15　软件结构——系统功能和子功能

第二步是辨识系统的主要并发子系统/子功能。在本例中系统整体而言有四个子系统,注意这是个人的设计决定,设计完全取决于设计师的视角。

第三步确定关键的系统时序需求和接口,这是过程中关键的一步,对开发实时软件而言更是如此。设计刚开始时的相关信息也许并不完整,但是需要明确指出不确定的地方。

第四步是设计和构建代码模型,需要遵循下面两点。

(1) 每个并发子系统在自己的处理器(或者一组处理器上)上运行。

(2) 处理器必须能够提供全部需要的计算资源(抽象或者虚拟处理器,如图1.16所示)。

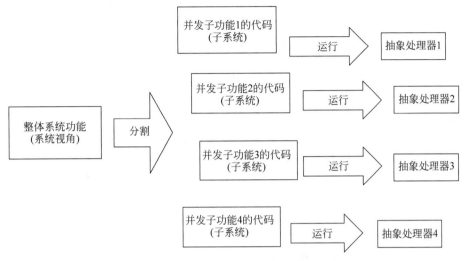

图1.16　任务开发——理想(抽象)的解决方案

第五步是将每个代码单元和一个特定的抽象处理器联系到一起,可以将其结果称作一个抽象任务。现在RTOS终于进入了开发过程,通过RTOS的任务创建功能生成抽象任务,一般这个API的名称是"CreateTask",它产生一个命名任务单元,并将函数代码和这个单元链接在一起。代码最基础的形式是:

```
CreateTask(NameOfCodeUnit,DesignatedNameOfTask);
```

其中DesignatedNameOfTask将被操作系统用作抽象任务的名称。

每个任务都需要调用CreateTask进行创建,针对上面的例子会得到类似代码清单1.3所示的设置代码。

代码清单 1.3

```
CreateTask (ClosedLoopControlFunction, "ClosedLoopControllerTask");
CreateTask (SequencingControlFunction, "SequencingControllerTask");
CreateTask (AlarmProtectionFunction, "AlarmProtectionTask");
```

注意:这些任务一般会互相通信和合作。

当抽象任务开始使用计算机的资源时它就不再是抽象的了,如图1.17所示。

严格来讲,每个任务是一个顺序程序的执行过程(比较图1.17和图1.4)。

第六步是在实际硬件上运行每个抽象处理器。这次我们还是使用RTOS软件启动和运行任务,代码一般会类似于

```
StartTasks();
```

注意：API 和调用的方法均取决于具体的 RTOS。

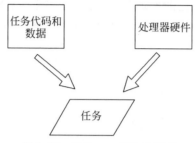

图 1.17　任务——语法和语义

我们的任务集可以在不同的硬件配置上运行，包括一个处理器（单处理器解决方案）和若干处理器（多处理器、多个处理器或者多核处理器）（见图 1.18）。

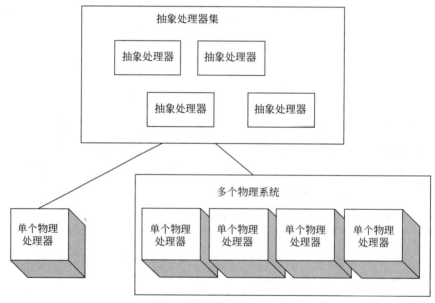

图 1.18　抽象处理器平台

很明显，如果一个计算机上有多个抽象处理器，它们需要以分时的方式运行。这正是操作系统的核心职责：以分时的方式运行多个任务。

如果硬件平台包含多个计算机，情况会更为复杂，我们将在后续章节中详述，现在先专注于单一处理器系统上和 RTOS 相关的问题。

1.11　回顾

通过本章的学习，应该能够达到以下目标。

- 了解高质量软件的特性。

- 知道如何开发高质量软件。
- 明白为什么代码在简单的应用中易于使用。
- 理解为什么代码在复杂的应用中难以使用。
- 熟悉软件的逻辑、物理和部署模型,以及它们的特性。
- 体会到定时和时序数据在嵌入式系统中的重要性。
- 能够定义进程和任务。
- 领会并发、伪并发和多任务的概念。
- 懂得基于中断的设计简化了多任务的实现。
- 意识到多任务实现中整体的行为往往不能预先确定,运行时的行为是无法预测的。
- 了解 RTOS 的基础特性。
- 掌握多任务设计的基础知识。

第 2 章

调度——概念和实现

本章目标

- 阐释任务调度的基础概念。
- 通过简单循环、周期循环和合作调度讲解任务调度。
- 展示抢占和非抢占调度间的核心区别。
- 解释多任务设计中不同的队列类型和它们的用法。
- 介绍任务控制块和进程描述符。
- 说明基于任务的设计为响应速度和安全代码共享带来的好处。
- 强调运行时行为的不可预测性。

2.1　简介

本节是为了介绍调度的基础概念,让我们用生活中不是计算机的例子进行比喻,注意我们的例子只适用于单 CPU 的系统。

我们的例子稍微有一点不切实际:假设一个公司只有一台卡车(CPU),但是有数位驾驶员(任务或者进程),任意时间只能由一位驾驶员操作卡车,每位驾驶员只专长于一种不同的工作。在这些限制条件下,运输经理如何以最佳的方式确定送货的排班表(调度问题)?

2.2　简单循环、周期循环和合作调度

图 2.1 所示的是最简单的解决方案——简单循环调度:首先,驾驶员们站成一队,队伍最前面的驾驶员到任务完成前一直使用卡车,接下来队伍中下一位驾驶员接手完成他的任务,以此类推。调度员控制卡车的转手,但是不控制任务本身。该方法是先入先出(FIFO)队列调度,适合于符合下面特性的任务。

(1) 不是关乎系统运行的关键任务。

(2) 对时间不敏感。

(3) 每一次执行都会运行到完成。

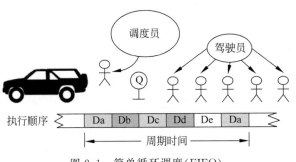

图 2.1 简单循环调度(FIFO)

这并不是嵌入式系统中任务运行的典型方式,我们需要处理的是具有下面特性的任务:

(1) 系统运行时会重复执行。

(2) 每一次执行都会运行到完成。

(3) 必须按照预定义的周期运行。

为了满足这些要求,需要增加一个什么也不做的"待机"任务(见图 2.2)。这样任务就可以按照预定义的周期(循环周期)运行了。定时单元肩负着保证周期不变的责任,若没有"待机"任务,则不同任务执行时间的不同会导致周期改变。

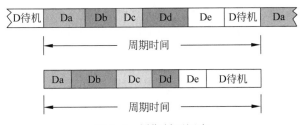

图 2.2 周期循环调度

简单循环下处理器一直在工作,其利用率(U)为 100%。周期循环调度中则不然,为了控制任务执行的时机牺牲了利用率,周期循环的利用率计算式如下:

$$U=(周期时间-待机时间)/周期时间$$

举例来说,如果周期时间是 10ms,待机时间是 2ms,则处理器的利用率为 80%。

一般来讲,可以在一个指定的时间段内测量 U,比如 1s:

$$U=用于执行任务的时间/测试时长$$

上述两种简单的调度方法很容易实现,但它们也有以下明显的缺陷。

第一,假设一位驾驶员没有返还卡车,即任务遇到问题死机,在简单循环调度中整个系统会立即停摆。在周期循环中情况会稍有不同,但是后果一样很糟糕:任务调度员总会从死机的任务那里取回卡车,所以每个循环都会正确开始,但是每次死机时还在队列内没有执行到的任务不会被激活。

第二,假设一个新驾驶员(任务)加入了系统,排在了队伍的最后面。这个新任务可能需要等待很久才会被首次执行,换言之,这家运输公司对新的任务的响应非常缓慢。

第三,系统的性能会主要受耗时更长的任务的影响。无论一个任务有多短,都需要等待它的既定执行时间,有时一个较长的任务时长是短任务的数倍。将较长的任务打断,并交替执行数次短任务(见图 2.3)往往能更好地利用系统资源(卡车或者 CPU)。FIFO 调度无法实现该要求,需要新的方式——合作式调度。

| Da(第1部分) | Db | Da(第2部分) | Db | Da(第3部分) | Db |

图 2.3　任务的交替执行

合作式调度的基本概念是任务会和其他任务"合作",主动放弃处理器的使用权,让另一个任务开始运行。这里的重点是任务决定如何切换,而不是调度程序,所以任务中需要有某种转让功能,在上面的例子中任务还要能指定下一个运行的任务。在后面还会针对这一点继续讨论。

多数实时系统不能接受上述三个限制,特别是需要快速响应时。一种改善的方法是对每个任务设定时间限制,即"时间分片"方法。

注意在此之后会将任务执行规则(如 FIFO)称为调度算法。

2.3　时间分片调度

实行时间分片调度的调度员手中有一个时钟,且可以叫回卡车(见图 2.4)。

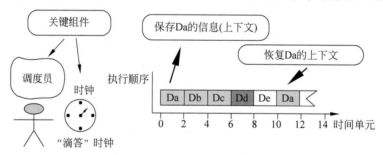

图 2.4　任务的时间分片

任务依然会以先入先出的方式执行,不过现在每个驾驶员只能使用卡车一段时间,即一个时间片,在图 2.4 中是两个时间单元。时间结束时,即使当前任务还没有完成,也必须将卡车交给下一位驾驶员(任务)。任务在下一个分配的时隙从之前打断的地方继续,执行预设的时长,再次将任务挂起,以此类推。一个时间单位被称为一个"滴答"。

若一个运行中的任务被下一个任务替代(抢占),则这样的过程被称为抢占式调度。广义来讲,抢占可以指当前用户手中的资源被取走。在一个简单循环(非抢占式)调度中,每个任务都会运行到结束为止,但是在抢占式调度中,一个任务往往需要多个时隙才能完成。用户不应该注意到任务期间有过停止和恢复(对用户透明),做到这一点需要在重启任务时完全恢复之前停止时的状态,具体来讲,在任务停止时需要保存所有的任务信息,在重启时恢复这些信息(合作式调度也是同样如此)。

　　因此,当一个任务被抢占时会进行两个额外的操作:①当前的任务信息被保存起来。②从存储空间中取出新任务的信息。这里的信息称为任务的上下文,信息的存储和取回过程是上下文切换,切换过程所需的时间则是上下文切换时间。上下文切换会占用处理器时间,降低可用的计算时间。作为系统开销的一部分,上下文切换是实时操作中重要的一环。

　　像这样用 FIFO 按照固定时间间隔逐个运行任务的调度方式称为"轮询"调度,它有着更快的响应速度,对共享资源的利用率也更好,但在实践中还需要进一步的改进,这是因为任务重要性不同,或往往不会按周期执行,也可能只在条件满足时才运行。

2.4　任务优先级

　　到目前为止一直假定任务的状态/优先级是相同的,所以执行顺序完全取决于系统的设定。现实中可能会需要一个特定的执行顺序,所以任务各自被分配了优先级(见图 2.5)。

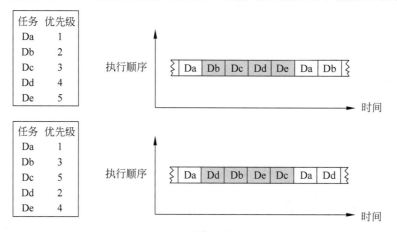

图 2.5　设定任务优先级

　　在这里数字越低优先级越高。如果执行顺序不变就是静态优先级模式,如果程序执行中优先级能够改变就是动态模式。外部事件或者运行的任务都可以更改优先级,比如图 2.6 中 Db 运行时将 De 的优先级数值调整为高于 Dd。

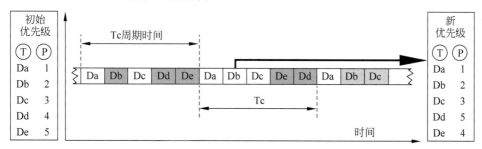

图 2.6　动态变更优先级

改变优先级本身并不能即刻产生效果,新的优先级会在后面的执行顺序中有所体现,这样的实现称为基于优先级的调度算法。

使用动态优先级模式是为了提高灵活性和反应速度,比如在循环调度中,优先级有可能会在下述情况下改变。

(1) 当一个任务需要快速对当前任务的输出进行反应,但它并不是接下来要运行的任务。

(2) 系统运行模式有变化,但是不同的模式需要不同的调度方式,例如从监视模式变更为针对目标的追踪模式。

这样的调度方式更加复杂,开销更大,还可能让有些任务被迫长期等待。当优先级变更时,观察队列的次序变化,在下一个时间片运行的任务有最高的优先级。如果优先级继续更改,低优先级的任务可能会被放置到很久后才最终被执行,这会让它们的反应速度大打折扣。

2.5 使用队列

到目前为止,一直只使用了一个队列,其中是准备好执行任务的驾驶员,称为就绪队列。在现实中情况往往更加复杂,任务并不一直处在就绪状态,只有一些特定条件得到满足它们才能运行。未就绪意味着任务处在阻塞或者挂起状态,并处在等待队列中,如图 2.7 所示。这依然是一个简化的描述,实际操作中可能有数个挂起队列,如图 2.8 所示。

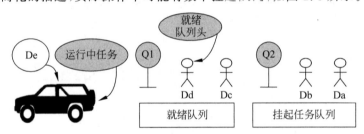

图 2.7 就绪和挂起任务队列

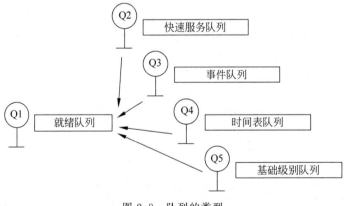

图 2.8 队列的类型

首先,必须快速做出响应的请求,即快速服务在一个队列中,例如对串行通信线路上收到的信号进行响应。

其次,一些任务直到特定的事件发生一直会处于挂起状态,这些任务组成的队列称为事件队列,比如处理键盘输入的任务会一直阻塞到一个键被按下。

接下来,一些任务需要以事先确定的时间间隔执行,即周期任务,这些任务组成的队列称为时间表队列,例如测量传感器传入的信号就是这样的任务。

最后,不适用于上述三个类型的任务会在系统空闲时运行,称它们为基础级别任务。多数情况下它们处于就绪状态,可以立即运行,例如更新非关键显示数据的任务就可以归为此类。

2.6　基于优先级的抢占式调度

我们已经讨论过基于优先级的非抢占式任务调度,本节将探讨基于优先级的抢占式调度。在我们的例子中,当一个优先级更高的任务进入就绪状态时,当前的任务会停止运行。

这意味着一个任务可以处在三个状态之一:运行中(执行中)、就绪和挂起。可以用如图 2.9 所示的状态转换图描述任务在抢占式调度中的行为。

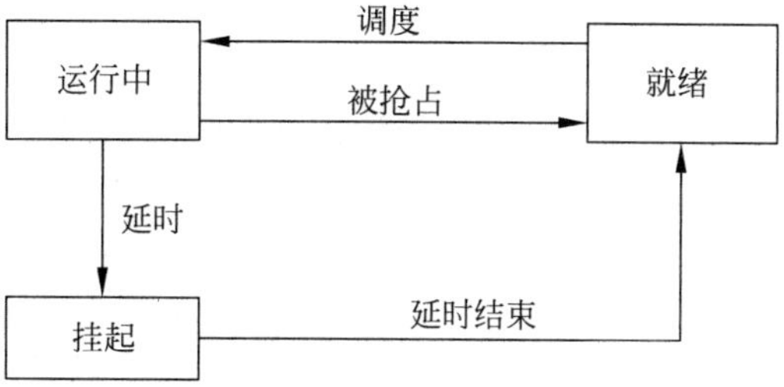

图 2.9　基于优先级调度中的任务状态转换图

只有在被 RTOS 调度时一个任务才能进入运行状态,在此之前它必须处在就绪状态,在基于优先级的系统中它还必须处在就绪队列的第一位。任务挂起或者被抢占时会离开运行状态。

当任务结束执行,或者因为某种原因无法继续时,任务会挂起,比如在本例中任务需要进行特定时长的延时。当任务进入挂起状态时会释放处理器的使用权,从而允许其他任务运行(见图 2.10)。释放可以是任务自行触发的,也可以是 RTOS 强制的。一个运行中的任务可以用两种方式自行释放处理器:其一,任务完成了必需的操作退出;其二,任务因为内部产生的信号(内部事件)放弃对处理器的控制。图 2.10 还列举了强制释放处理器的原因。

当抢占发生时,任务即使没有完成也会被迫放弃处理器,此时任务并没有被挂起,而是会返回就绪队列。任务在队列中的位置是由优先级决定的,它会在队列中等待到下一次被调度。

图 2.11 所示的是任务状态的一般模型。当条件满足时任务会从挂起状态进入就绪状态,比如完成一个事件、经过特定的时间或者某种事件和时间的组合。不同的任务有不同的挂起状态。

如果需要,任务模型可以进一步扩充并显示任务的创建和删除。

在基于优先级的系统中,任务的就绪和再调度会变得很复杂,图 2.12 中是一个简单的

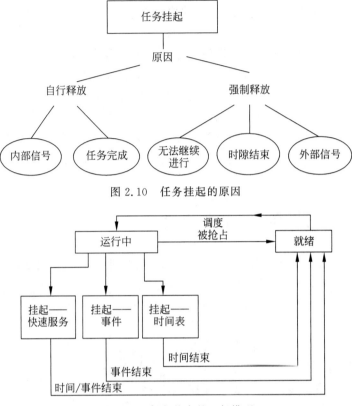

图 2.10 任务挂起的原因

图 2.11 任务状态的一般模型

例子,图中展示了优先级对任务在就绪和挂起队列中位置的影响,以及当任务就绪时就绪队列是如何变化的。

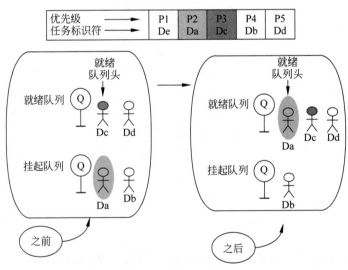

图 2.12 任务优先级对队列的影响——任务唤醒

【译者注】 再调度(reschedule/rescheduling)是决定接下来要运行的任务的过程,也可翻译为重新调度。

2.7　任务队列的实现——任务控制块

任务控制块(Task Control Block,TCB)是用来构建任务队列的基本单元,其中存储的任务信息帮助执行系统进行调度。TCB中包含任务状态和控制信息,它们很少会包括程序代码本身。

TCB的设计并不唯一,一些常见的特性如图2.13所示。

TCB内部有数个成员,它们的用途如下。

(1)识别任务。

(2)显示任务状态是就绪还是挂起。

(3)定义任务在系统中的优先级。

1	任务标识符
2	状态
3	优先级
4	下一个任务

图 2.13　TCB 常见特性

(4)记录下一个任务的标识符,以便在就绪、挂起和其他系统队列中使用。这个成员只在通过链表组织任务队列时会用到。

队列(列表)是通过指针连接TCB形成的,比如图2.14中就绪列表中按顺序是任务X、Y、A,最后队尾是待机任务。

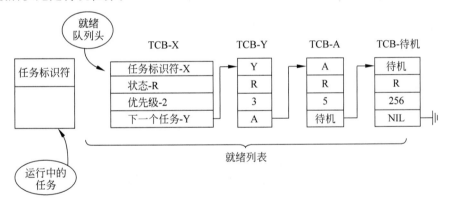

图 2.14　就绪列表结构

待机任务通常用于嵌入式系统中,它指向"NIL",表示自己是队列的末尾。

挂起列表可以用类似的方式进行组织,如图2.15所示。

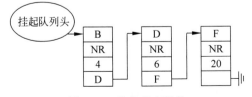

图 2.15　挂起列表结构

操作系统根据设计不同,可以使用一个或多个挂起列表结构。列表可以很容易地通过改变指针进行操作,包括任务的重排列、任务在列表间的移动以及增加任务等。

任务标识符可以负担一个额外的任务——用作指向进程描述符的指针。

2.8　进程描述符

之前指出每个任务都认为只有自己在使用处理器,而并不知道分时正在发生。此外,当上下文切换发生时,正确地保存和恢复任务信息是非常重要的,进程描述符(Process Descriptor, PD)是这个过程的中心。PD 中存储着关于进程(任务)的动态信息,如图 2.16 所示。

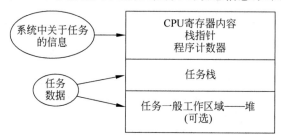

图 2.16　进程描述符结构

每个任务都有自己私有的 PD,在一些设计中 PD 可能直接位于 TCB 之中。

TCB 和 PD 的重要共性是它们都包含动态信息,因此它们必须被保存在读/写存储器中,比如 RAM。

2.9　滴答

滴答是一个记录经过时间的计数器,系统的实时时钟通过中断更新滴答计数器,如图 2.17 所示。

图 2.17　滴答的更新

滴答通常是用系统时间(Time-Of-Day,TOD)计数器实现的,它有四个主要功能:①调度定时;②调度相关的轮询控制;③产生和调度相关的延时;④记录日历时间。

1)调度定时

在这里,实时时钟设置调度的时间片。当滴答计数器产生信号时会调用中断服务例程触发再调度,这一般是抢占式轮询和周期性任务调度算法的内部机制。

2)轮询控制

如果任务是事件驱动的,处理器应该如何对事件做出响应?针对时间关键事件的一个常见解决方案是使用中断,不过基于中断的解决方案并不适用于所有应用,对状态信息进行轮询有时是更好的方法。举例来说,可以用轮询实现键盘扫描,扫描任务会定期扫描(轮询)按键的状态,检测到按键按下时将对应的键盘处理任务切换到就绪状态,否则就让处理任务继续维持在挂起状态。使用此方法系统不会失控,这也称为延期服务器(deferred server)方法。

3)产生延时

这个功能对多数实时系统而言是必需的,特别是进程控制。许多应用会使用多个时长变化很大的延时,比如燃烧控制器在发出点火指令的 250ms 后会检查火焰的状态,温度控制器在打开加热器或者运行控制循环后也许会等待一小时。通过滴答可以相对容易地满足不同的延时需求。

4)记录日历时间

在一些情形下系统的激活、控制和状态记录必须和一般的日历时钟挂钩,通过滴答可以实现小时、分钟和秒的计数(24 小时时钟)。需要注意处理器断电时滴答也会停止,所以在嵌入式应用中,长期定时应该通过特殊电池驱动的 TOD 时钟来实现。

2.10 优先级和系统响应速度

在多任务的环境中任务需要多久才能开始运行?这个问题的答案和任务的优先级有很大关系,见图 2.18。

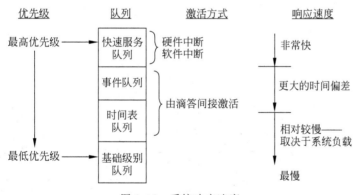

图 2.18 系统响应速度

快速服务队列中高优先级的任务在需要服务时通过中断信号进行激活,并进入就绪状态。这只需要很短的反应时间(中断延迟),一般为 $1\sim100\mu s$。这是假设中断发生时没有更高优先级的任务在运行。

当任务执行和滴答挂钩时,任务的响应速度会有一定程度的时间偏差。优先级高的任务偏差时间很短,随着优先级的降低,时间偏差会越来越大,只有能够容忍很慢的响应速度的任务才能运行在最低(基础)级别上。

综上所述,滴答的周期对系统的响应速度有很大影响,但它不是唯一的因素,响应速度还和调度的策略有关。实时系统的主要设计要求是所有的任务都在分配的时间内完成,所以 CPU 的性能是瓶颈,重要的任务一旦开始后就应该一直运行到结束,不应该被抢占。如果正在运行的任务有最高的优先级,该方式合情合理。但如果一个新就绪的任务的优先级比运行中的任务高,抢占就会发生,运行中的任务会返回到队列头,新任务开始运行。为了支持这样的策略,每一个任务会被赋予一个特定的优先级,所有高于基础级别的任务都需要一个不同的优先级设定(注意下面关于子策略的说明)。

假设一个任务运行到了完成,它会停止并进入未就绪状态,只有在下一个滴答发生时执行系统才会重新获得系统的控制权,为了让浪费的时间最小化,滴答的长度越短越好,但这样会造成其他的问题。滴答通过实时时钟产生中断进行更新,这意味着需要存储正在运行任务的全部信息,然后上下文切换到滴答处理例程,这个过程的开销会降低处理器的使用率。因此,随着滴答长度的降低,可以用来处理任务的时间也同时减少,极限情况下处理器会一直在更新滴答。

选择系统的滴答时间并不是件容易的事情,需要考虑响应速度和调度方法,对于快速实时系统而言滴答一般是 $1 \sim 100$ ms。

在这个框架下应该考虑同时运行多个优先级相同的任务,这样可以达到响应速度、吞吐量和功能行为的平衡。这意味着需要组合不同的调度策略,一般是一个主策略配合一个或多个子策略。大多数 RTOS 的主策略是基于优先级的抢占调度,在同一个优先级上任务的调度可能是另一种策略,典型的例子有合作和循环调度,细节取决于具体的 RTOS。综上,在整个任务集上使用正常的优先级抢占式策略,在各个优先级上使用子策略。

在基于滴答的任务调度中,再调度只在滴答发生时进行,滴答 ISR(中断处理程序)会调用 RTOS 的再调度函数。该方式简单直接,也易于实现,但会降低处理器的利用率,特别是时间片较长时。这是因为如果任务在滴答之间完成工作或者被迫停止,直到下一次再调度处理器会处于空闲状态。因此,多数 RTOS 提供独立于滴答的再调度机制。

2.11 绕过调度器

多数情形下调度器负责管理任务的运行,比如当中断发生时中断例程会将正确的任务转入就绪状态,但并不会实际开始执行此任务——这是调度器的任务。之前提到过,任务在就绪队列中的位置取决于优先级,因此中断例程可能需要等待很久才能运行,对于一些中断而言这是不能接受的,比如系统异常。

为了解决这个问题,可以使用完全绕过操作系统的中断服务例程,它们相当于比滴答的优先级还要高。ISR 的逻辑取决于具体的系统应用、设计要求和调用 ISR 的异常处理,对于此类特殊 ISR 必须格外小心。

2.12 代码共享和重入

现代程序最常见的组成部分是子程序(高级语言)和子例程(汇编语言),当运行中的任务需要时会执行它们。在多任务系统中,每个应用进程(任务)都是分别编写的,它们的对象代码位于内存的不同区域。任务看上去也许互相独立,但实际上它们通过通用的程序块——子程序和子例程相互连接在一起。

考虑下面的情形,一个通用程序(能够被所有任务调用)使用几个特定的 RAM 地址,被任务 1 调用时程序开始修改 RAM 内容,然后任务 1 被任务 2 抢占,任务 2 调用同样的程序修改同样的 RAM 区域。一段时间后任务 1 恢复执行,完全不知道 RAM 中的数据已经被修改了,这显然会引发混乱。为了避免这个问题,每个任务(进程)都有自己的私有栈和工作区,子程序的参数会被存放在栈中,本地变量则存放在工作区中。这样每个任务都可以安全地执行共享代码,并能够保存自己的数据。这样的代码是可重入的。

2.13　运行时行为的不可预测性

本章就要接近尾声了,现在讨论基于任务系统的一个重要方面——软件的运行时行为。表 2.1 中的例子有三个任务。

表 2.1　讨论运行时行为的例子

任　　务	优　先　级	执行时间/ms	周　　期
a	1	10	80ms
b	2	45	无——非周期任务
c	3	20	无——非周期任务

调度使用基于优先级的抢占式方法,时间片为 10ms,三个任务在时间 $t=0$ 时都处于就绪状态,任务切换只在时间片结束时进行。那么:

(1) 在头 100ms 系统的运行时行为是怎样的?

(2) 如果任务 a 的周期变为 40ms 又会怎样?

(3) 如果任务 b 在 $t=85$ms 时再次就绪,头 160ms 的运行时行为是怎样的?

答案见图 2.19。

请仔细研究这个例子并理解系统的行为。更重要的问题是:如何得出这个结果?该例子帮助说明了下面 9 个重要结论。

(1) 基于优先级的抢占式调度能让运行时行为变得非常复杂。

(2) 关于时序的预测是非常困难的,有非周期任务时预测会变得几乎完全不可能。

(3) 从任务的执行时间并不能推测出实际的运行时间。

(4) 任务饥饿是一个很现实的问题,在 RTOS 中这意味着任务用来产生结果的时间很长,反应速度很差。

(5) 当只有周期任务时行为会变得很好预测,预测的结果往往也会非常准确。

(6) 应该尽可能少使用非周期任务,或者将它们的影响降到最小,比如使用延期服务器。

(7) 为了达到快速反应的系统要求,处理器使用率需要限制。

(8) 为了达到快速反应的系统要求,任务的数量越少越好。

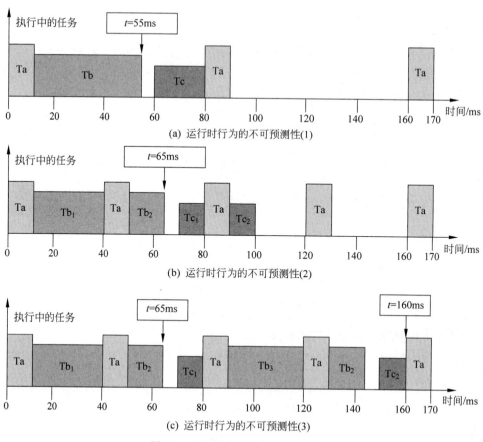

图 2.19　运行时行为的不可预测性

（9）手动分析系统行为的方法费时费力，需要自动工具的帮助。

2.14　更多关于任务的细节

为了整合并回顾前面探讨过的话题，现在复习一下任务和任务构建。

当开发一个任务时，需要理解它的结构和组成。一个任务由多个部分组成，如图 2.20 所示。

首先是定义任务内容的部分，通常是通过源代码实现的一个函数或者类。关于任务的实现有以下两个重点。

（1）它是一个由程序设计者定义功能和行为的顺序程序单元。

（2）它看起来和标准的函数/类没有区别。

接下来是和实际代码执行相关的部分——任务控制块和进程描述符。

最后，必须提供存储任务数据的地方——栈。每个任务可以有私有的内存预留空间，也

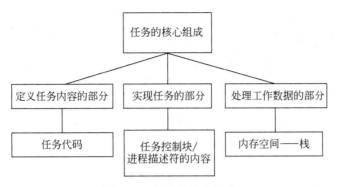

图 2.20　任务的核心组成

可以使用一个所有任务共享的内存空间,两种方法各有利弊。一般来讲,使用私有栈能让系统变得更安全和健壮,准确地知道每个任务能使用多少内存,并在运行时追踪内存的使用。如果一个任务使用的内存空间比分配的栈更大,即栈溢出,立即就能停止它的运行。为每个任务分配一个栈的缺点:这样会比共享栈使用更多的内存,如果控制器内存很小,则只能使用共享栈。私有栈中栈溢出的可能性也更高,这可能会导致无法预测的结果,有时甚至是灾难性的。

现代单片微控制器中任务的组成部分会处于处理器内存中,如图 2.21 所示。

第 6 章会深入讨论闪存和 RAM,简单来讲闪存用于只读存储,RAM 则是读/写存储。在微控制器中这些存储设备往往在片上,一部分能通过外部器件进行扩展。

现在回到 TCB-PD 组合上,现代 RTOS 通常会将两者合并为一个 TCB 数据结构(结构体/记录),如图 2.22 所示。

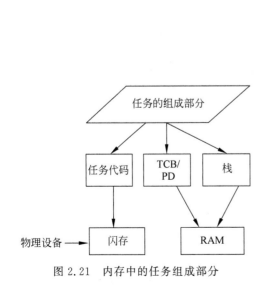

图 2.21　内存中的任务组成部分

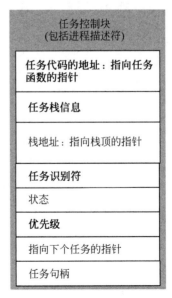

图 2.22　任务控制块

RTOS 的设计者定义 TCB 的结构,一般也无法直接访问或者使用 TCB。不同 RTOS 的 TCB 会有所不同,但是在多数 RTOS 中都能找到类似图 2.22 的 TCB 特性。一般来讲,当调用 CreateTask 函数时,它会创建一个 TCB 类型的变量,并在其中填入必要的信息,依据 RTOS 的设计,TCB 会被插入就绪或者挂起队列。

现在从上到下介绍 TCB 的每一个成员。

(1) 任务代码的地址:用于将 TCB 和实现任务的函数联系在一起,任务被调度时这个地址会被载入处理器的程序计数器中。

(2) 任务栈信息:通常指定分配给任务的栈空间大小。

(3) 栈地址:创建任务时,系统会通过标准分配函数(比如 C/C++ 的 malloc)为任务自动预留栈空间,函数一般会返回指向内存块起始处的指针。

(4) 任务识别符:程序员指定的用来识别任务的名称,可以在不同 API 中用于辨别任务。

(5) 状态:定义任务当前的状态,细节根据 RTOS 不同会有很大区别,但是一般至少会有就绪、挂起和运行中三种状态。

(6) 优先级:意义不言自明,注意只在基于优先级的抢占调度中优先级才有意义。

(7) 指向下个任务的指针:帮助操作 TCB 在就绪/挂起队列中的位置。

(8) 任务句柄:CreateTask API 的返回值,通常是 TCB 的地址,这让很多 API 可以操作任务的数据结构,比如 TaskDelete。

从上可以看出 TCB 的重要性,TCB+程序代码+栈数据定义了任务的组成和结构,它们的组合就是任务本身。严格来讲,任务只有在执行时才会真正存在于系统的任务模型中,但从概念上来讲,无论任务处于运行中、就绪还是挂起状态,全部任务都存在于任务模型中。

现在可以观察任务在实践中是如何创建的了,代码清单 2.1 所示的是基于 embOS RTOS 的例子。代码本身应该易于理解,但要注意本节旨在将理论和实践联系在一起,并凸显代码清晰易懂,而不是为了指导你针对 embOS 编程。

【译者注】 embOS 是德国 Segger 公司开发的一种实时操作系统,以代码精简、组件丰富、支持多种调试工具而知名。

代码清单 2.1

```
/* 创建两个任务的样例代码 */

OS_TASK         PanControl;
OS_TASK         Tiltcontrol;

OS_STACKPTR     PanControlStack[50];
OS_STACKPTR     TiltControlStack[50];

unsigned char       PanCtrlPriority   = 1;
unsigned char       TiltctrlPriority  = 1;
unsigned char       PanCtrlTimeSlice  = 2;
unsigned char       TiltCtrlTimeSlice = 1;
```

```
/* 平移控制循环任务的代码 */
void PanCtrlFunction(void)
{
  while(1)
  {
    /* 平移控制循环的代码 */
  }
} /* PanCtrlFunction 结束 */

/* 倾斜控制循环任务的代码 */
void TiltCtrlFunction(void)
{
  while(1)
  {
    /* 倾斜控制循环的代码 */
  }
} /* TiltCtrlFunction 结束 */

void main(void)
{
  while (1)
  {
    OS_CreateTask(&PanControl,NULL,PanCtrlPriority,PanCtrlFunction,PanControlStack,sizeof
(PanControlStack), PanCtrlTimeslice);

    OS_CreateTask(&TiltControl,NULL,TiltCtrlPriority,TiltCtrlFunction,TiltControlStack,
    sizeof(TiltControlStack),TiltCtrlTimeSlice);
  }
} /* main 结束 */
```

2.15 回顾

通过本章的学习,应该能够达到以下目标。

- 理解简单循环、周期循环、轮询和基于优先级的抢占调度的概念。
- 明白不同调度方法各有利弊。
- 领会滴答的含义和作用。
- 懂得设定合适滴答时长的重要性。
- 熟悉就绪和挂起队列存在的理由和用法。
- 知道在再调度时,基于优先级和非优先级调度方法分别会如何改变队列的次序。
- 清楚就绪队列头的概念。
- 能够通过状态转换图描述任务的行为。
- 体会到优先级、反应时间和任务激活方式是相互关联的。
- 了解特殊中断处理例程为什么可以在关键情形下绕过调度器。

- 意识到代码的可重入性对多任务系统是不可或缺的。
- 认识到预测一个任务集在运行时的整体行为是非常困难,甚至完全不可能的。

现在是时候开始实践练习了,特别是《嵌入式实时操作系统——基于 STM32Cube、FreeRTOS 和 Tracelyzer 的应用开发》第一篇的内容,这将帮助加深对第 1 章和本章的理解,并熟悉多任务环境中运行时的软件行为。实践还会凸显多任务系统中一个重要的结论——任务的互相独立不代表它们的实际性能是互相没有关系的。

第 3 章

使用互斥机制控制资源共享

本章目标

- 解释在多任务设计中使用共享资源时所面临的问题。
- 描述什么是互斥。
- 展示如何使用程序标志实现互斥。
- 讲解二值信号量和计数信号量的概念及其使用。
- 描述互斥量并展示如何使用互斥量改进信号量性能。
- 解析信号量和互斥量的缺陷。
- 展示通过使用简单的监视器结构来克服信号量和互斥量的弱点。

3.1 共享资源使用中的问题

在单 CPU 系统中,处理器是一个共享资源。在多个进程之间共享处理器时,处理器的使用由调度程序控制,不存在竞争问题。但对于系统的其他资源而言,情况并非如此。不同的任务可能需要同时使用同一硬件外设或内存区域。如果不控制这些公共资源的访问,系统中很快就会出现资源争用问题。例如,在图 3.1 所示场景中,控制算法由中断驱动的定时

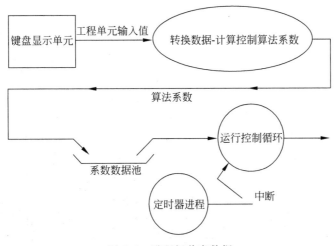

图 3.1　进程间共享数据

器进程以恒定的间隔执行,此应用场景中系统可能发生什么情况?

　　运行控制循环进程使用的部分数据来自系数的共享读写数据库(内存数据池)。系数值源自工程单元的键盘显示输入。现在面临的问题很简单,如果系数更新过程中,系统激活了运行控制循环,会是什么结果?每个系数最长占用 8 字节,但一次修改过程可能仅改变 1 或 2 字节。因此,当发生任务切换时,系数值可能仅部分被更新。如果发生这种情况,可能导致灾难性的结果。

　　如何解决这个问题?解决方案非常简单,确保一个共享资源在任何时候只能被一个进程访问即可,即实施一种互斥策略,但困难的是如何制定具体的方法。

3.2　使用单个标志实现互斥

　　为了控制对共享(或"公共")对象的访问,可以假设将它放在一个特定的房间中,见图 3.2。

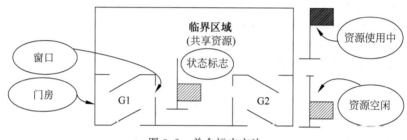

图 3.2　单个标志方法

　　为需要使用资源的每个任务提供一个门房,作为其使用资源的手段。通过标志指示器指示任务是否在房间内(临界区域)。每个任务从门房内只能看到标志升起或降下。

　　假设最初临界区域为空,标志被降下。希望使用该资源的用户 1(即任务 1)进入相应的门房,它首先检查标志的位置,发现标志为降下状态(表示资源空闲),它将升起标志,进入临界区。此时用户 2(即任务 2)到达现场,也想访问共享对象,见图 3.3,它进入其门房并检查标志状态。由于标志处于升起状态(资源正在使用),故用户 2 将在此等待,不断检查标志状态。最终用户 1 完成工作离开,它的最后一份工作是降下标志,表示资源被释放。因此,当用户 2 再次检查资源状态时,发现资源可用,于是它升起标志并进入临界区域,成为共享资源的唯一拥有者。

　　整个工作流程看起来非常顺畅,通过相当简单的机制成功实现了互斥。事实确实如此吗?考虑以下应用场景。当用户 1 进入门房 1 时,资源为空闲状态,它首先检查标志,发现其为降下状态,然后任务将升起标志。此时,用户 2 也进入其门房并检查标志,发现标志为降下状态。所以,在它看来,自己也可以进入临界区。它并没有意识到,用户 1 也在做同样的事情,从而发生了冲突。

　　由于用户 1 在检查标志状态并改变其状态的过程中存在时间差,导致保护机制失效。在计算机语言中,对于单处理器系统,该操作等价于:

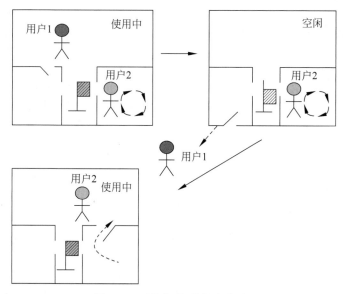

图 3.3 互斥实现(单标志方法)

(1) 将内存中的状态变量加载到处理器寄存器中。

(2) 检查变量的状态。

(3) 如果变量为"空闲",将其值更改为"使用中",并且将新的状态值写入内存;否则重新执行检查。

在此序列中,用户 1(即任务 1)可能被抢占。如果抢占发生在变量加载后但其状态改变之前,可能会遇到冲突问题。假设抢占任务的为用户 2,它检查标志状态,发现资源可用,用户 2 进入临界区。当任务 1 恢复运行时,它也认为资源可用,也要进入临界区,所以互斥机制失效。

幸运的是,大多数现代微处理器能在单条指令中完成位/字节的设置和测试工作。这意味着检查和设置操作是不可分割的原子操作,从而保证了操作的安全性。然而,在多处理器系统中情况则不同,因为这些操作具有真正的并发性,这部分内容稍后讨论。

单个标志技术易于实现,使用简单,通过适当的设计可以安全地工作,但它的效率不高。如上所述,当发现标志被置位后,任务会进入检查循环。任务不能改变标志状态,它将在其执行时间片期间保持"忙等待"模式,导致处理器时间浪费和处理器性能降低(即利用率降低)。在实时系统(尤其是硬实时)中,这种低效率方式是不可接受的,需要采用另一种互斥技术。

很明显,当任务发现它的动作被阻塞时,它需要放弃处理器,即任务挂起,从而允许另一个任务使用处理器。这种方法称为"挂起-等待",可以通过多种方式实现。在某些情况下可以使用信号,在程序控制下完成。然而更好的技术是使用专门设计的结构,用于支持挂起-等待操作,如信号量、互斥信号量和监视器。

注意:在多核/多处理器中以本节描述的方式使用标志时,标志也称为自旋锁。

3.3 信号量

3.3.1 二值信号量

信号量本质上是一个程序数据项,用于决定任务继续运行还是挂起。信号量类型有两种,二值信号量和通用型/计数信号量。两者的工作原理相同,信号量原语最初由 Edsger Dijkstra 在 1965 年提出。

首先分析二值信号量。本质上,二值信号量是一个任务流控制机制,可以将其比作铁路信号,见图 3.4。火车将根据信号位置情况,决定通过该点还是必须停止。如果火车停下来,它们会保持在该位置直到信号变为"允许通行"。以类似的方式,信号量可以允许任务继续执行其代码或挂起。一旦任务挂起,它将保持在此状态,直到某些程序操作使该任务重新就绪。

在铁路系统中,信号是一种安全机制,用于控制列车运行,从而防止碰撞、损坏或人身事故。实际的铁路网络中还有很多信号,可根据需要使用这些信号。同样,多任务设计中也可能使用许多信号量,每个信号量都相当于一个特定的信号。

图 3.4 信号量类比——铁路信号

(来源:Simon Howden,FreeDigitalPhotos.net)

在并发软件中,信号量用于两个截然不同的目的。本节描述的功能是作为互斥(消除争用)机制,每个共享资源分配一个信号量。信号量也用于同步,实现任务交互,该功能将在 5.2 节描述。

用于访问控制时信号量的概念见图 3.5。该类比是停车场入口控制,信号量相当于控制机制。这里的共享资源是一个单独的停车位,用于上下客。需要确保有且只有一辆车可以进入停车位。因此,用户在尝试停车之前,必须首先检查停车位是否空闲。为此使用了一

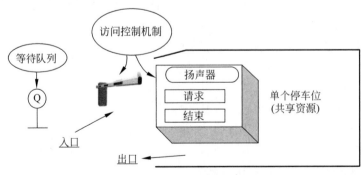

图 3.5 二值信号量用于互斥—概念

个访问控制接口,其包括:

(1)"请求"按钮。用户按下此按钮以向停车场服务员发出需要进入停车场的信号。

(2)"结束"按钮。用户在退出时,按此按钮通知服务员,停车位再次空闲。

(3)扬声器。停车场服务员用它来回答用户的请求。

在此类比中,二进制信号量等价于访问控制机制的软件实现,这里用户指的是任务。

假设最初停车场资源处于空闲状态。第一个操作是向停车场服务员提供此状态信息(假设从控制室看不到停车位)。其对应的软件操作将初始化该信号量。同样,服务员功能由操作系统软件提供。

当用户需要使用停车资源时,它靠近屏障并按下请求按钮,在信号量术语中,该行为被定义为信号等待(wait)操作。由于资源处于空闲状态,故服务员抬起屏障并回答可以通过,用户随即进入保护区域,然后屏障关闭。

某个时刻用户离开并腾出停车位,在退出时按下结束按钮,发出信号给访问控制机制,该行为被定义为信号发布(signal)操作。操作结果将更新服务员看到的状态信息,显示停车场再次空闲。

现在考虑另一种情况,当另一辆车到达时资源正在使用,请求服务的用户被放置到等待队列(对应于任务挂起)。当前资源占用者,一旦完成工作,在离开停车位时将生成一个信号,控制机制收到该信号,标记资源空闲。但随后的事件遵循了不同的模式,没有更新服务员的状态信息。取而代之的是抬起屏障并发送"通过"消息给等待的用户(相当于一个任务唤醒另一个任务),授权用户进入保护区域;后续的事件处理过程与前面一致。

需要考虑的一个重点是,当任务1已经处于等待队列中时,一个更高优先级的任务(比如任务3)到达,系统如何处理。实际上,结果取决于使用的排队策略。通常队列使用两种排队策略,先进先出(FIFO)策略和优先级抢占策略。

使用先进先出策略排队时,任务3排在任务1的后面。因此条件允许(即空间可用)时,任务1可以立即执行。此方式虽然安全,但导致较低优先级的任务延迟了较高优先级任务的执行,可能导致严重的系统问题(优先级翻转,见4.4节)。

如果使用优先级抢占策略,任务3优先并排在队列前面,因此它将第一个就绪。但该方式延迟了任务1的执行,也会导致潜在的性能问题(任务饥饿)。

由设计者来决定使用哪种方法以及在何处使用它,但无论哪种情况,任务行为建模都如图3.6所示。

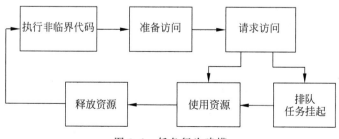

图3.6　任务行为建模

如前所述,为每个受控的资源创建一个信号量,在编程术语中,信号量被看作一个命名的数据项。

下面来看一个简单的应用程序,即保护图 3.2 中的系数数据池。首先创建一个信号量,命名为 CoefficientsSemaphore,可执行的操作包括等待信号量 Wait(CoefficientsSemaphore)和发布信号量 Signal(CoefficientsSemaphore)。

二进制信号量只有两个值,"0"或"1"。"0"表示资源正在使用中,"1"表示资源当前空闲。在其初始形式中,信号量操作见代码清单 3.1 和代码清单 3.2。

代码清单 3.1

```
/* Wait(CoefficientsSemaphore)程序代码片段 */
if(CoefficientsSemaphore == 1)
{
  CoefficientsSemaphore = 0;
} /* end if */
else
{
```

代码清单 3.2

```
/* Signal(CoefficientsSemaphore) 程序代码片段 */
if(Task Waiting)
{
  WakeupTask();
}
else
{
```

在程序中,将在需要的位置使用上述代码段,如代码清单 3.3 所示。

代码清单 3.3

```
/* 示例片段- 包含代码和伪代码 */
UnprotectedProgramStatements;
Wait(CoefficientsSemaphore);
UseSharedResource;
Signal(CoefficientsSemaphore);
UnprotectedProgramStatements;
```

wait 和 signal 操作被定义为"原语"类型,即每个操作都是不可分割的。换言之,一旦 wait 或 signal 处理开始,其对应的机器指令序列不能被中断。这是必不可少的,否则会遇到和单一标志互斥机制相同的问题。提供原子性操作不是一件轻松的任务,它可能会带来实现上的困难,但系统必须克服困难实现信号量。此外,这些原语操作必须由操作系统而非程序员保护。

二进制信号量可以实现为单字节,甚至是字节中的一位,使用一条"位设置和测试"指令实现。但是,如果测试和检查涉及多条处理器指令时,该方法行不通。在这种情况下,通过在信号量操作执行之前禁用系统中断,确保操作的原子性。资源操作完成后,重新启用中断。

注意:此技术通常不适用于多处理器系统,多处理器系统需要一种硬件锁定机制。

wait 和 signal 也称为 P 操作和 V 操作,源自荷兰语词汇。关于它们实际指代的词存在一些分歧,最流行的是 prolaag 和 verhogen。

【译者注】 原语是为完成特定的功能而编写的一段程序,它在执行时不可分割、不可中断。

3.3.2　通用或计数信号量

我们重新构造单个共享资源,使其包含一组相同的共享对象。每个对象提供一个指定的服务。例如,共享对象可以是一组局域网队列,用于存储发送的消息。鉴于这种安排,在任务不使用同一队列的前提下,让多个任务访问资源是安全的。为了支持这一点,信号量结构改变为:

(1) 信号量有一个范围值(比如 0～4),其初始值被设置为最大值(4)。

(2) 每个值对应于所提供资源的一个实例,0 指示所有资源都在使用。

(3) 当用户想要访问数据仓库时,它首先检查资源是否可用(不为 0 值),见代码清单 3.4。如果允许访问,它会将信号量值减 1,并使用资源。

代码清单 3.4

```
/* 等待 CAN 队列 程序代码片段 */
if (CanQueue) > 0)
{
   -- CanQueue;
}
else
{
   SuspendTask();
}
/* end if */;
```

当用户完成任务后,它将信号量值加 1 并退出数据仓库,如代码清单 3.5 所示。

代码清单 3.5

```
/* 发布 CAN 队列 程序代码片段 */
if (TaskWaiting)
{
   WakeupTask();
}
else
{
```

```
    ++CanQueue;
} /* end if */
CoefficientsSemaphore = 1;
```

CanQueue 的值控制对资源的访问,并定义可以使用的对象数;不允许为负值。

二值信号量可以被视为计数值为 1 的特殊的计数信号量。代码清单 3.6 的演示示例通过使用 ThreadX RTOS 的信号量结构进行了演示。

代码清单 3.6

```
/* 代码示例: RTOS -- ThreadX
            Wait 等价于: tx_semaphore_get
            Signal 等价于: tx_semaphore_put
            Semaphore 数据类型: TX_SEMAPHORE
*/
/* 创建值为 1 的计数信号量,位于文件范围 */
TX_SEMAPHORE ADCsemaphore;
int SemaphoreStatus;
SemaphoreStatus = tx_semaphore_create
                    (&ADCsemaphore, "ADCsema", 1);
/* 使用信号量控制共享对象的访问,函数范围 */
/******* 受保护代码段开始 ******* /
/* 等待信号量 */
tx_semaphore_get (&ADCsemaphore);
/* 使用受保护资源 */
GetAnalogueInput (&RotorSpeed);
/* 发布信号量 */
 tx_semaphore_put (&ADCsemaphore);
/****** 受保护代码段结束 ****** /
```

3.3.3　信号量的限制和缺陷

信号量已被广泛用于执行互斥策略,它易于理解、使用简单且易于实施。遗憾的是,以下其局限性及相关问题并没有受到重视。

(1) 信号量不会自动与特定的受保护对象相关联。然而,在实践中,正确配对它们至关重要。

(2) 在到目前为止描述的操作中,没有"看到"信号量状态的概念。请求者真正做的是问"我可以使用资源吗?",如果答案是否定的,那么请求任务会自动挂起。

(3) 信号 wait(等待)和 signal(发布)是一对操作。遗憾的是,基本机制并没有强制执行这种配对。因此,一个任务可以单独调用任何一个操作,这会被认为是有效的源代码,结果可能导致非常不寻常的运行时行为。

(4) 没有操作限制信号量发布操作在等待操作之前调用,这也可能是奇怪运行时行为的来源。

（5）信号量必须对共享受保护资源的所有任务可见。这意味着任何任务都可以"释放"信号量（通过调用发布操作），即使这是一个编程错误。

（6）仅使资源与信号量关联并不能保证其得到保护。如果存在进入保护区的"后门"路线（例如，使用声明为程序全局的资源），则可以绕过保护措施。

（7）信号量还有一个更重要的问题，这与它的使用而不是构造有关。大多数程序在需要使用信号量时才实现它们，因此它们往往分散在代码中，通常很难找到。在小型设计中这是可以处理的，但对于大型设计则不然。因此，设计人员必须跟踪所有互斥活动，否则调试可能非常具有挑战性。而且，在后期设计中（在维护阶段），分散的信号量会让维护变得非常困难。通常，进行"简单"程序修改的结果会使软件带有非常奇怪的（出乎意料的）运行时行为。

3.4　互斥量

互斥量与信号量非常相似，但互斥量专门用于控制对共享资源的访问，即互斥（请记住，信号量本质上是一种流控制机制）。为避免混淆，信号量和互斥操作使用不同的操作名称。使用锁定（lock，又名等待）和解锁（unlock，又名发布）指示互斥操作。

互斥量与信号量的一个关键区别：释放（解锁）互斥量的任务必须是锁定它的任务。因此可以认为锁定任务拥有互斥量。代码清单3.7给出了一个使用互斥量的应用示例。

代码清单 3.7

```
/* 代码示例: RTOS 标准 -- Pthreads
     Lock 等价于: pthread_mutex_lock
     Unlock 等价于: pthread_mutex_unlock
     Mutex 数据类型: pthread_mutex_t
 */
/* 在文件范围内创建并初始化 mutex */
pthread_mutex_t ADCmutex;
pthread_mutex_init (&ADCmutex, NULL);
/* 使用 mutex 控制共享对象访问,函数范围 */
/********** 受保护代码段开始 ********** /
/* 锁定互斥量 */
pthread_mutex_lock (&ADCmutex);
/* 使用受保护资源 */
GetAnalogueInput (&RotorSpeed);
/* 解锁互斥量 */
pthread_mutex_unlock (&ADCmutex);
/********** 受保护代码段结束 ********** /
```

3.5　简单监视器

前面已经指出,信号量构造方式存在许多限制和问题(互斥量也存在类似问题),它们不是健壮的编程结构。我们想要的是一个替代品,在程序方面:

(1) 为临界区域的代码提供保护。

(2) 将数据与适用于该数据的操作一起封装。

(3) 具备高可见性。

(4) 易于使用。

(5) 难以误用。

(6) 简化证明程序正确性的工作。

满足这些标准的最重要和广泛使用的构造方式是监视器(其起源于 Dijkstra、Brinch Hansen 和 Hoare 的工作)。此处描述的构造使用原始监视器的简化版本,因此称为简单监视器。从根本上说,它通过以下方式防止任务直接访问共享资源。

(1) 将资源(临界代码段)及其保护信号量或互斥信号量封装在一个程序单元内。

(2) 将信号量/互斥信号量的所有操作限制在封装单元内部。

(3) 将操作对"外部"世界隐藏,即它们对程序单元私有。

(4) 防止直接访问信号量/互斥信号量操作和临界代码部分。

(5) 提供间接使用共享资源的方法。

图 3.7 概念性地展示了这些信息,是早期信号量访问控制技术的改编版本。首先,所有组成部分都被封装,封装单元具有单个入口/出口点(相当于停车场的入口和出口通道)。输入与输出分离,输入被路由到访问控制机制。请注意,在这种安排中,入口驱动程序只能请求进入(相当于等待)。除此之外,访问行为如前所述。请注意,所有排队都是在封装单元内

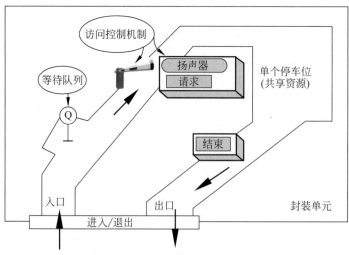

图 3.7　简单监视器概念图

完成的。

结束按钮(即发布)位于出口通道上,因此只能由离开的驾驶员操作。

一些编程语言提供相同或类似的构造方式(例如 Ada 中的受保护对象),然而 RTOS 中通常不会提供简单监视器机制。在这种情况下,用户必须自己构建它,其中一个关键特性是封装单元。如果使用 C++编程,那么显而易见的选择就是类。类为我们提供了所有必需的封装、信息隐藏和公共访问机制。在 C 中,我们可以通过将监控软件在一个".c"文件中实现,并在相应的".h"文件中提供其公共接口来模仿类的实现。

代码清单 3.8、代码清单 3.9 和代码清单 3.10 展示了一个实际的例子。

代码清单 3.8

```
/* 这是一个 .c 文件 */
/* 二值信号量 ADCsemaphore 已创建并初始化,在本文件范围内可见 */
int AnalogueInputMeasurement (int ChannelNumber)
{
int AnalogueValue = 0;
/********** 受保护代码段开始 ********** /
/* 等待信号量 */
tx_semaphore_get (&ADCsemaphore);
/* 使用受保护资源 */
AnalogueValue = Convert (ChannelNumber);
/* 发布信号量 */
```

代码清单 3.9

```
/* 这是一个.h 文件,提供公共访问接口 */
int AnalogueInputMeasurement (int ChannelNumber);
```

代码清单 3.10

```
/* 任务代码 */
const int RotorSpeedChannel = 0;
const int RotorPositionChannel = 1;
int RotorSpeed = 0;
int RotorPosition = 0;
void main (void)
{
  …
  RotorSpeed = AnalogueInputMeasurement (RotorSpeedChannel);
  RotorPosition = AnalogueInputMeasurement (RotorPositionChannel);
  …
} /* main 结束 */
```

示例中,".c"和".h"文件的组合提供了函数 AnalogueInputMeasurement()的私有代码的整体封装和公共访问接口。函数封装了受保护的资源及其保护信号量;在".c"文件之外无法等待或发布信号量 ADCsemaphore。此外,代码实现保证:

（1）get（等待）和 put（发布）以正确的顺序成对使用。

（2）调用函数 AnalogueInputMeasurement() 的任务拥有信号量。

（3）当函数执行完成时,资源必须可用（即不能保持锁定状态）。

也可以用互斥信号量来代替信号量。但是,它不会为设计增加任何价值,因为两种机制的整体行为是相同的。总之,简单监视器用于控制对资源的访问,其比信号量强大得多,且易于使用、难以误用。

请注意,实际应用中对监视器的调用会嵌入各个任务的代码中。

3.6 互斥机制综述

互斥机制的主要目的是控制对共享资源的访问。共享资源包括硬件、共享数据和系统软件（例如 RTOS）,见图 3.8。

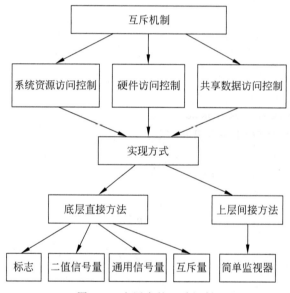

图 3.8 应用中的互斥机制

针对资源争用已提出了许多解决方案,但在实践中仅少数被使用。对于小的程序,或者并行性很少的应用,只要小心,底层直接方法即可满足需求。底层直接方法也适用于不使用操作系统的设计（对于大多数小型嵌入式功能而言是典型的）。在实时系统中,二值信号量往往比通用（计数）信号量得到更广泛的使用,两者没有根本性的区别,但对于外部设备的监控,二值信号量做得更好。即便如此,信号量和互斥量的特性也有可能使它们变得不安全,尤其是在以下情况下:

- 程序很大。
- 软件被构造为许多协作的并行任务。

在这种情况下,简单监视器是一种更好的选择。

3.7　回顾

通过本章的学习,应该能够达到以下目标。

- 完全理解为什么任务不能不受控制地使用共享资源。
- 了解什么是互斥以及它的作用。
- 清楚忙-等待(busy-wait)和挂起-等待(suspend-wait)两种互斥方法的区别。
- 认识到挂起等待方法的优势。
- 清楚如何使用单个标志来实现忙等待互斥机制。
- 理解为什么某些操作必须是原子性的。
- 清楚二值信号量和计数信号量的概念及使用。
- 了解互斥信号量如何改进信号量的缺陷。
- 明白为什么信号量和互斥量不是健壮的程序结构。
- 了解什么是简单监视器以及它如何克服信号量和互斥信号量的缺点。
- 理解简单监视器的代码结构及其使用。

下面可以基于本节的理论知识开始实践工作,即《嵌入式实时操作系统——基于 STM32Cube、FreeRTOS 和 Tracealyzer》一书中实验 5～实验 10 中涉及的内容。

【译者注】《嵌入式实时操作系统——基于 STM32Cube、FreeRTOS 和 Tracealyzer》已经由清华大学出版社于 2021 年 5 月出版。

第 4 章

资源共享和争用问题

本章目标

- 解释为什么资源互斥使用可能会导致严重的运行时问题。
- 展示什么是死锁并解释如何设计无死锁的系统。
- 描述防止死锁的技术，着重讲解适合实时系统的技术。
- 描述什么是优先级翻转以及翻转为什么会降低系统性能。
- 解释如何通过动态改变任务优先级来消除优先级翻转问题。
- 描述基本优先级继承协议的操作和立即优先级天花板协议。

4.1 资源争用产生的死锁问题详解

本节将详细了解死锁，首先回顾一下死锁产生的原因，以及死锁如何发生。一旦理解了这一点，就向解决死锁问题迈进了一小步。死锁问题有许多可行的解决方案，有些复杂，有些简单，但只有少数方案适合实时（尤其是快速和/或关键）系统。

首先考虑一个典型的小型控制系统的结构，如图 4.1 所示。

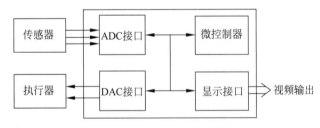

图 4.1 小型控制系统的结构

图 4.1 的控制系统拥有：通过一个多通道 ADC 接口输入的一组传感器信号；通过一个多通道 DAC 接口输出的一组执行器控制信号；一个视频显示接口输出所有显示信息。

系统软件设计为多任务操作。系统设备与软件任务之间的关系简化为如图 4.2 所示。

该系统中有三个任务：控制、系统识别（SI）和警报任务。控制任务是一个常见的闭环任务。它读取速度传感器数据，计算控制信号并将其发送到燃料执行器。系统识别任务的

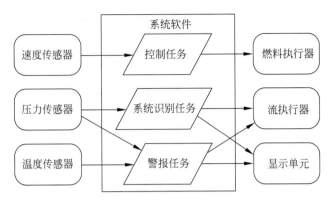

图 4.2 小型控制系统的软件任务结构

作用是以数学方式识别物理系统的某些部分。它通过生成一个输出信号控制流执行器激发系统,同时通过压力传感器读取响应。警报任务的功能不言自明。从图 4.2 中可以看出,控制任务在功能上独立于其他两个任务,自然趋向于认为它们从软件角度也是独立的。然而,从图 4.3 展示的更完整的软件结构图中可以看出事实并非如此。

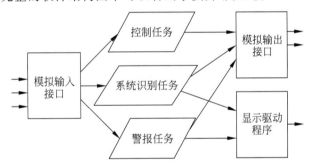

图 4.3 小型控制系统完整的任务软件结构

在分析其操作之前,介绍一个新的任务模型特征——被动软件机器(用矩形框表示)。它不是一个可调度的对象,主要用于容纳共享软件设施。实际上,这些对象可用于所有任务,任务在需要时调用它们即可。从实践角度,它们可以实现为 Java 包、C++ 类、C 文件等。图 4.3 包含三个被动对象,模拟输入接口、模拟输出接口和显示驱动程序。

现在回顾一下控制任务和 SI 任务的操作。控制任务被激活时,首先选择模/数转换器 (ADC) 的速度输入通道,启动转换,读取数字化输入,计算输出控制信号并释放 ADC。在此之后,它选择数模/转换器 (DAC) 的燃料执行器输出通道,并使用控制信号值对其进行更新。一旦完成,DAC 就会被释放。

当 SI 任务启动后,它首先选择流执行器输出通道,生成一个激励信号并将其发送到 DAC。然后选择压力输入通道,启动转换,ADC 转换完成后读取并存储输入值。读 N 次后计算出系统识别多项式,然后释放 DAC 和 ADC。

注意:功能独立的任务很可能通过软件函数或资源(如这里的被动对象)耦合在一起。为了操作安全,通常在共享资源的访问机制中提供互斥条件,这样的资源被称为"不可抢占"。

　　然而,使用不可抢占资源会产生许多后果,其中一些是灾难性的。先来看一个正常的无错误情况,见图4.4。

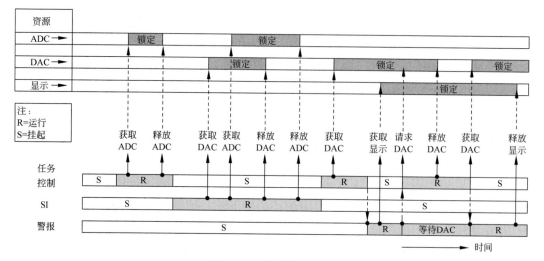

图4.4　正常的任务交互

　　图4.4演示了共享的不可抢占资源的获取和释放。它还显示了当任务(图中为警报任务)尝试访问被挂起的任务(控制任务)持有的资源(即DAC)时会发生什么。在适当的情况下,系统可以长时间运行而不会出现故障。鉴于工程师天生的乐观态度,可以相信设计的一切运行良好。但请看图4.5描述的情况。

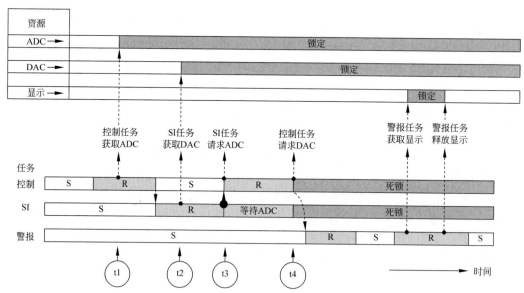

图4.5　任务交互——死锁

图 4.5 中,事件的序列如下。

(1) 在 t1 时刻,控制任务获取 ADC。

(2) 稍后系统发生一次任务切换,SI 任务开始运行。

(3) t2 时刻,SI 任务获取 DAC。

(4) t3 时刻,SI 任务尝试获取 ADC。由于 ADC 当前被控制任务持有,所以请求失败。SI 任务将挂起,控制任务被重新唤醒。

(5) t4 时刻,控制任务尝试获取 DAC。此时 DAC 由 SI 任务持有,因此请求失败。控制任务将被挂起。

(6) 两个任务陷入死锁,都无法继续运行。

请注意,系统中的其他任务可以正常运行,前提是它们不需要使用 ADC 或 DAC。事实上,这也说明了多任务处理中的一个很重要的方面,尤其是在复杂的大型系统中——可能要经过一段时间才能意识到死锁的存在,死锁被正在进行的大量活动所掩盖。

图 4.5 中给出的事件序列可以用另一种方式显示,见图 4.6,它清楚地展示了死锁是如何产生的。图 4.6 中,一个任务已经持有一个资源,等待获取第二个资源(很自然地被称为"拥有并等待"状态)。请注意资源共享如何导致一种简单的循环依赖。在这里很容易看出依赖圈是如何形成的。

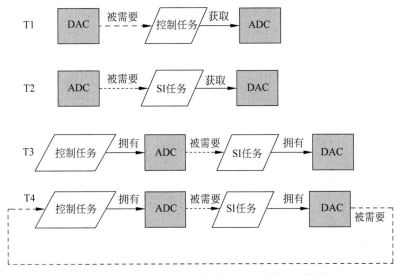

图 4.6 由于资源拥有并等待导致的简单循环依赖

在较大的系统中,循环依赖关系会以稍微不同的方式呈现,如图 4.7 所示。

图 4.7(a)展示了一个三任务系统,其中每个任务仅使用一个资源。此场景中没有资源共享,因此死锁不会发生。图 4.7(b)的情况不同,其中任务 1(T1)只使用资源 R1,而任务 2(T2)使用资源 R1 和 R2。任务 3(T3)使用资源 R2 和 R3。为了突出共享的资源,重绘图 4.7(b)任务间的关系,见图 4.7(c)。由此可见,在最坏情况下,任务最多只共享一个资源,死锁不

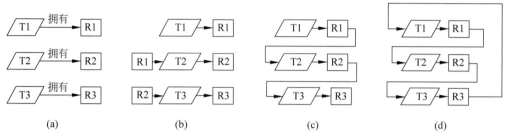

图 4.7　循环依赖的产生

会发生。这种依赖会导致性能下降,但至少不会出现死锁。

现在考虑一下,出于某种原因,任务 1 需要使用资源 R3。由此产生的依赖关系如图 4.7(d)所示,任务和资源形成了一个循环链,很明显,在适当的环境下,死锁会发生。

循环依赖可能仅在极少数情况下发生。此外,设计图中的依赖关系可能并不明显。在拥有少量静态创建的任务(即在软件运行时永久存在的任务)系统中,很有可能发现设计中存在的问题。这告诉我们下列工作是有意义的。

(1) 限制多任务系统中的任务数量。

(2) 避免在运行时更改任务数量(动态创建/删除任务)。

我们面临的关键问题是:死锁发生需要什么条件? 表 4.1 列出了这些问题。

表 4.1　死锁的前提条件

条　　　件	名　　　称
任务独占资源	互斥
任务拥有一个资源,同时等待另一个资源	拥有并等待
任务与资源间建立了循环依赖关系	循环等待
任务在资源使用完成后再释放资源	无资源抢占

但请注意,这些条件本身并不足以导致死锁的发生,死锁只有在所有四个条件同时满足的情况下才会发生。然而,即使在最好的设计中,也不能保证在系统的整个生命周期中,死锁不会发生(糟糕的修改可能会破坏原来的工作)。在某些情况下,死锁不能轻易或简单地打破,处理器可能进入永久死锁状态。因此,如果没有恢复机制,可能会失去对部分或整个处理器系统的控制。因此,对于关键系统,必须实现某种形式的错误恢复操作。使用哪种恢复策略将取决于应用,下面讨论最常用的措施。

4.2　设计无死锁的系统

有两种处理死锁问题的基本方法,如图 4.8 所示。其一,使用预防或避免方法,确保系统不会陷入死锁。其二,接受系统可能会发生死锁,但要采取措施克服问题。

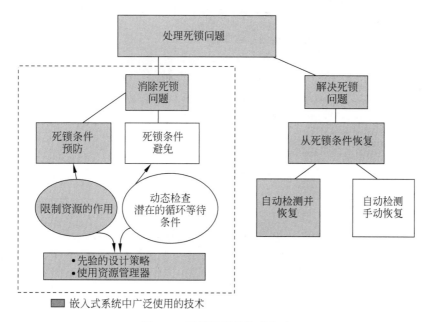

图 4.8 死锁问题的处理方法

为了防止死锁,必须确保表 4.1 列出的条件中,至少有一个不会出现。这要求我们基于先验设计决策使用资源。对于复杂的系统,可能必须提供软件资源管理器。

避免主要基于控制运行时发生的事情。关键是保证运行时行为不会导致循环依赖。该方法的核心是了解资源/任务关系、认领和使用的资源、分配给任务但还未被认领的资源、可供使用的资源。

需要某种形式的资源管理器来评估系统状态并采取适当的行动。当然,这些操作必须在代码执行过程中动态实现。对于频繁切换任务的实时系统,相关的运行时开销可能很大(并且可能不可接受),因此死锁避免方法在实时系统中很少使用。

借助手动恢复技术克服死锁可能适用于桌面计算操作。但是,在快速和嵌入式应用中,它并不是一个有效的解决方法,这类系统需要的是完全自动检测和恢复机制。对于硬实时系统,通常涉及看门狗定时器的使用。

一般来说,死锁恢复应该被视为最后的手段,即"出狱(get out of jail)"卡,因此,为了处理死锁,通常将预防作为主要机制,将恢复作为最后一道防线。

【译者注】 该表述源自大富翁游戏,玩家可以使用一张特殊的卡片提前离开监狱。

现在具体看一下死锁预防策略。可以应用如图 4.9 所示的策略:允许同时共享资源;允许请求抢占;控制资源分配。

这些措施可以单独使用或合并应用。下面依次考虑每一个措施。

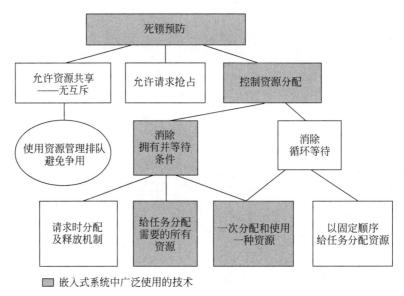

图 4.9 死锁预防

4.3 防止死锁

4.3.1 允许资源共享

通过同时共享资源机制,任务可以随时访问资源,不存在互斥。机制虽然很简单,但在关键系统中通常都是不可接受的。不需要的任务干扰的危险显而易见。不过,还有另一种方法处理访问问题——让使用资源的任务排队。这种技术经常用于共享打印机、绘图仪、网络接口等,它通常通过排队资源处理程序实现,从任务的角度来看,这种共享似乎是同时的(尽管从工作的角度来看它完全是顺序的)。该方法隐含的要求是"时间并不是特别紧迫"。

4.3.2 允许请求抢占

通过资源抢占,被挂起状态任务拥有(锁定)的资源可以被正在运行的任务使用。显然,如允许资源共享一样,这种方法可能导致危险情况,必须谨慎使用。但是,在某些情况下可以有效且安全地工作。例如,在查看共享数据库的内容时或检查 I/O 设备的状态时,该方法很有用。以下场景演示了该技术的实际应用。任务 A 锁定数据库,对其进行读取访问。一段时间后,任务 A 挂起,任务 B 执行。在 B 执行过程中,也希望读取数据库的内容。即使资源已被任务 A 锁定,操作系统仍然允许执行读取操作。实际上是资源被临时重新分配。但是,如果 B 尝试写入数据库,则规则会更改(对锁定的资源进行写访问有可能产生混乱,因此该操作被禁用)。任务 B 会发现资源被锁定,因此在等待条件下挂起。

从描述中可以看出,系统需要一个资源管理器才能使该技术发挥作用。因此,该方法会带来复杂性和时间开销,可能会在小型和/或实时系统中带来麻烦。

4.3.3　控制资源分配

通过控制资源的分配,可以消除拥有并等待和循环等待两个问题,可以采用下面的技术来实现。

1. 单一资源分配

使用这种方法,任务一次只能获取和使用一个资源,从而消除了拥有并等待和循环等待问题。这是一个非常简单、实用且安全的技术,尤其是在所有决定都在源代码中做出的情况下。缺点是当任务使用多个共享资源时,很难准确预测运行时间。例如,当控制任务执行时,其操作循环如下。

(1) 获取 ADC 资源,处理输入信号,释放 ADC。

(2) 执行算法计算。

(3) 获取 DAC 资源,写入输出,释放 DAC。

不幸的是,如果控制任务在需要时无法获取某个资源,那么可能会发生不可预知的延迟。结果是任务的实际执行时间每次运行都在变化。在极端情况下,这可能会导致整个系统出现严重问题(不仅仅是一个软件问题)。

为了尽量减少这个问题的影响,资源持有的时间应该尽可能短(换言之,尽快进入,完成工作并离开)。

2. 分配需要的所有资源

此方法中,任务同时获取所有需要的资源,无须等待其他资源。这保证系统不会出现拥有并等待和循环等待问题。该方法简单、安全且有效,但它也有一个缺点——任务阻塞(即阻塞共享资源的其他任务),结果是系统的整体性能可能会显著降低。

3. 请求时分配

任务在执行时请求使用的资源,逐步获取所需的资源。但是如果它请求的资源恰好被锁定,任务将会挂起,同时释放其当前拥有的所有资源,下次激活时才会尝试重新获取所需的资源集。

虽然该方法消除了拥有并等待的问题,但这是一个复杂的过程,具有相当不可预测的时序行为。因此,它不太可能用于实时系统,尤其是快速和/或关键应用。

4. 固定顺序分配

固定顺序分配策略的基本原理如下。

(1) 任务激活后,在需要时单独请求每个资源。

(2) 如果资源空闲,则将其分配给任务。

(3) 有预定义的资源获取顺序。

(4) 如果需要第二个资源,则发出第二个申请(以此类推)。任何时候,第一个资源用完后会被释放。此方法旨在消除循环等待问题。

以表格形式展示任务的资源需求非常有用,尤其是在大型系统中。表 4.2 展示了一个示例,从中可以看出,任务 A 需要显示和 UART 资源,任务 B 需要 ADC 和 DAC 等。

表 4.2　任务与资源关系示例

资　　源	任务		
	任务 A	任务 B	任务 C
4. ADC		需要	需要
3. DAC		需要	需要
2. 显示	需要		需要
1. UART	需要		

让我们看看该方法在实际应用中如何工作,如表 4.3 所示,资源被编号为 1～4。任务必须从自身资源集合中的最小编号开始其申请操作。因此,任务 A 在执行时将首先申请 UART 资源;如果资源空闲,则分配资源给任务 A。同样,任务 B 首先申请 DAC,而任务 C 首先申请显示资源。

表 4.3　按序申请的行为示例 1

资　　源	任务								
	任务 A			任务 B			任务 C		
	N	C	A	N	C	A	N	C	A
4. ADC				是	是	是	是		
3. DAC				是	是	是	是		
2. 显示	是	是	是				是		
1. UART	是	是	是						

注:N=需要,C=申请,A=分配

该方法的一个重要方面——排序资源的原因,在多个任务竞争资源时变得很清楚。考虑表 4.3 中描述的场景,任务 A 和 B 同时申请并分配了资源。在这种情况下,由于两个任务之间不存在共享资源,因此不存在争用问题,任务可以正确地并发执行。然而,任务 C 情况不同,它与其他两个任务共享资源。那么分析一下按顺序申请资源方法是如何消除问题的,见表 4.4。

表 4.4　按序申请的行为示例 2

资　　源	任务								
	任务 A			任务 B			任务 C		
	N	C	A	N	C	A	N	C	A
4. ADC				是	是	是	是		
3. DAC				是	是	是	是	是	否
2. 显示	是						是	是	是
1. UART	是								

注:N=需要,C=申请,A=分配

假设当前任务 B 正在运行,并且已经获得了 DAC 和 ADC 资源。此时,系统切换到任务 C,运行一段时间后 C 获得显示资源,然后请求使用 DAC。但是,由于 DAC 被任务 B 锁定,因此请求失败。结果是任务 C 必须放弃它所持有的所有资源,然后挂起。下次任务 C 激活时,它会再次尝试获取所需的资源集。由此可以看出,以下两种情况不可能同时发生:

(1) 任务 B 在等待获取 DAC 时拥有 ADC。

(2) 任务 C 在等待 ADC 的同时拥有 DAC。

因此,循环等待已被阻止。

从上述场景中可以得出一些重要的结论。首先,任务/资源表中包含的信息显示了可以始终并发执行的任务。其次,它显示了可能发生资源争用的位置,这些位置可能导致任务阻塞。这些信息具有重要的性能(时间)含义。当一个任务无法获取资源时,它被迫挂起并放弃已经分配的任何资源。但是,在一个多任务共享资源环境中,能否预测任务何时获得所有资源?该表是静态的(不随时间变化),预测已经非常困难,如果任务是动态创建的,那么事情更复杂,此时的时间预测完全不可信。

虽然固定资源分配在软实时或非实时系统中可能有效,但它并不真正适合硬实时应用。

4.4　优先级翻转及任务阻塞

4.4.1　优先级翻转问题

死锁预防是实时系统设计中的一个重要因素。不幸的是,即使使用安全排除技术,这可能也不是困难的终点。在解决资源争用问题时,可能引入新的优先级翻转问题。

优先级翻转的基本原理可以通过一个简单的两任务(A 和 B)系统的行为来解释。假设任务 A 正在使用一个锁定的资源,此时调度程序决定进行任务交换,新任务 B 希望使用 A 持有的资源。在检查访问机制时,发现资源不可用,因此任务 B 挂起。互斥机制按计划执行。但是如果 B 的优先级高于 A 呢?结果仍然相同,B 仍然被阻塞。结果是低优先级的任务 A 阻塞了高优先级的任务 B;在 A 释放锁定资源之前,B 不能执行。系统的行为表现得好像优先级颠倒了一样,即优先级翻转。然而,这种行为正是使用互斥时所期望的,没什么异常。

在双任务系统中,性能下降可能不是一个大问题。但是看图 4.10 的情况,这是一个四任务系统,由任务 A、B、C 和 D(按照优先级顺序)组成。系统还包括两个共享资源 W 和 X。请注意,为了简化对系统行为的解释,做了以下假设。

(1) 上下文切换(重新调度)仅在滴答(tick)时间发生。

(2) 任务可以随时挂起。

(3) 任务可以随时就绪。

图 4.10 示例的一个运行时场景,如图 4.11 所示。在 t0 时刻,任务 D 正在执行,其他任务处于挂起状态。在下一个滴答中断(t1 时刻)发生之前,D 锁定资源 W。注意:所有其他任务都已就绪。在 t1 时刻,任务 A 抢占 D,任务 D 重新进入就绪(等待运行)状态。不久之

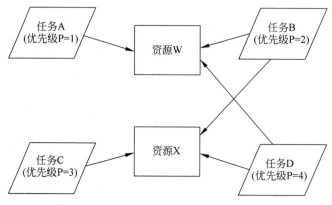

图 4.10　示例任务结构

后,A 试图使用资源 W 但发现它被锁定,因此任务 A 挂起。t2 时刻,任务 B 被激活,运行至完成,然后挂起。在 t3 时刻,任务 C 运行至完成并挂起。然后在 t4 时刻,D 再次执行。只有当任务 D 释放资源锁时,A 才能执行(t5 时刻)。

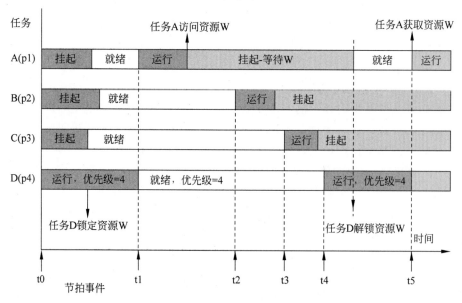

图 4.11　优先级翻转问题

　　在此设计中,任务 A 被赋予最高优先级,因为它是一项重要的任务。然而由于互斥机制锁,任务 A 只能被迫等待所有其他任务完成后才能执行。显然这种表现是不能接受的,如何才能防止"连锁"优先级翻转情况的发生?

　　这个问题可以通过两种方式解决,都涉及临时提升任务优先级。第一种方式,运行任务的优先级可以提高到通过优先继承技术获取的确定值。第二种方式,为共享资源分配优先级,然后将正在运行的任务的优先级提高到资源优先级值,这种方式称为优先级天花板技术。

4.4.2 基本优先级继承协议

当使用基本优先级继承协议(或简称为优先级继承协议)时,正在运行的任务可以继承挂起任务的优先级。图 4.12 给出了一个实际的优先级继承行为示例,将其行为与图 4.11 的场景进行比较。

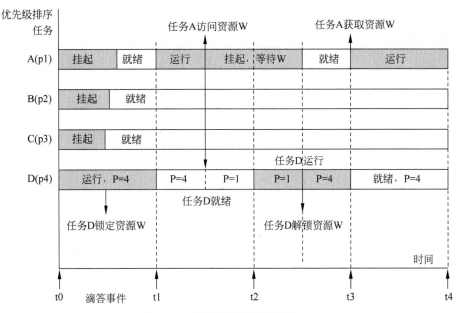

图 4.12　使用优先级继承协议 1

操作的执行同图 4.11 一样,直到任务 A 在尝试访问锁定资源 W 时被挂起,此时 D 的优先级提高到与 A 相同(即优先级 1)。因此,在重新调度 t2 时刻,任务 D 继续执行,稍后它会解锁资源 W(使任务 A 就绪),同时其优先级恢复初始设定值(优先级 4)。在 t3 时刻,任务 A 抢占任务 D 并开始执行。因此,任务 A 仅在 D 使用共享资源时才挂起。

图 4.13 给出了第二种情况。应该能够自己完成其运行过程的分析(请完成分析工作,理解这个主题很重要)。这张图展示了非常重要的一点,任务交互对系统性能的影响(也许)不可预测。如果任务 D 没有锁定资源 X,那任务 C 可能在 t2 时刻之前完成执行。如图 4.13 所示,即使采用了优先级继承机制,它在 t4 时刻之后仍在运行。

4.4.3 立即优先级天花板协议

作为优先级继承机制的替代方案,可以使用优先级天花板协议。这里描述的技术是原始天花板协议的一种变体,称为立即优先级天花板协议(简称为优先级天花板协议)。该技术更容易实现,并且在实践中得到了更广泛的应用。

这种方法的基础是每个资源都有一个定义的优先级,设置为使用该资源的最高优先级任务的级别。因此资源 W 的天花板优先级为 1,而 X 的天花板优先级为 2。当任务锁定资

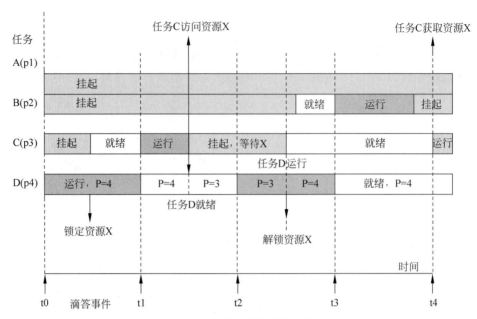

图 4.13　使用优先级继承协议 2

源时,它立即将其自身优先级提高到资源优先级的级别。在解锁资源后,任务优先级恢复为其初始值。因此,当任务获得资源后,它不可能被共享该资源的任务抢占。但请注意,它可以被任何高于优先级上限的任务抢占。根据定义,此类任务不共享正在竞争的资源,因此不存在优先级翻转问题,如图 4.14 所示。

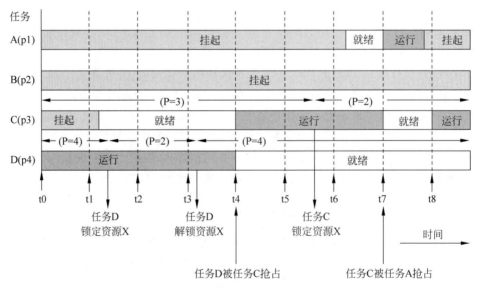

图 4.14　使用优先级天花板协议

首先,在滴答时刻 t0,任务 D 正在运行(优先级为 4),其他任务处于挂起状态。在时刻

t1 后不久,任务 C 就绪,其优先级为 3。任务 D 锁定资源 X 后,其优先级提高到资源天花板值 2。在重新调度时刻 t2,任务 C 不能抢占任务 D,任务 D 继续执行。

下一个我们感兴趣的事件发生在任务 D 解锁资源时,其优先级为恢复到预设值 4。因此,在下一个调度时刻 t4,任务 C 能够并且确实抢占了任务 D。它最初以优先级 3 运行,但当它稍后锁定资源 X 后,优先级会上升到 2。

时刻 t6 后不久,任务 A 就绪,其优先级为 1。从图 4.10 可以看出,任务 A 不与任务 C 共享任何资源,因此任务 A 与锁定资源 X 的任务间不存在互斥,结果,在时刻 t7,任务 A 抢占任务 C,然后运行至完成。任务 C 保持其优先级为 2,在时刻 t8 恢复执行。

优先级天花板协议还有另一个优势,它可以防止死锁(优先级继承协议不能防止死锁),这个说法留给读者来验证。

这些技术已经在许多操作系统和语言的任务模型中使用(例如,Ada 的受保护对象包含优先级天花板协议)。但是,应该清楚的是,这些技术增加了系统开销,因为系统必须:

(1) 跟踪所有挂起的任务(任务挂起列表)。

(2) 跟踪所有锁定/解锁的资源。

(3) 当任务锁定资源时,动态改变任务的优先级。

(4) 当资源解锁时重置任务优先级。

所有这些操作都需要时间,这很可能会给硬实时系统带来问题。

4.5　死锁预防和性能问题

死锁预防是实时系统设计中的一个重要因素。避免优先级翻转虽然不是必需的,却是非常可取的。对于软实时或非实时应用程序,可以使用许多技术将安全性与良好性结合。相比之下,在硬实时系统中,我们的选择非常有限。最简单的方法是在任务使用共享资源时禁止上下文切换。最简单的实现是禁用中断,本质上该方法是一种优先级继承形式,从概念上把正在运行的任务提升到可能的最高级别。该方法安全、有效、易于实施,因此应用广泛,但注意要将中断禁用的时间保持在最低限度。

任务交互会对多任务系统的时间性能产生显著影响,这种不确定的行为可能导致系统无法满足其规范。大多数情况下它们也许都能正常工作,但在最糟糕的时刻却可能失效。我们的结论还是要限制多任务系统中的任务数量。

4.6　回顾

通过本章的学习,应该能够达到以下目标。

• 了解共享资源保护可能导致运行时问题的原因。

• 理解什么是死锁以及它发生的原因。

• 清楚发生死锁的必要前提条件。

- 了解如何从死锁情况中恢复。
- 清楚可以使用哪些技术来防止死锁。
- 理解拥有并等待和循环等待的含义。
- 了解为什么当使用动态任务创建时循环等待可能很难（甚至不可能）预测。
- 意识到如果一个任务选择挂起（即自挂起），它通常应该释放它锁定的所有资源。
- 了解控制资源分配的不同方法以及其实现的目标。
- 理解优先级翻转是如何产生的，以及它会导致什么问题。
- 掌握优先级继承协议的概念和使用。
- 理解优先级天花板协议的概念和使用。
- 理解为什么使用优先级天花板协议的系统不会发生死锁问题。

基于本节的理论知识可以开始更多的实践工作，即《嵌入式实时操作系统——基于 STM32Cube、FreeRTOS 和 Tracealyzer》一书中实验 11 和实验 12。

第 5 章

任务间通信

本章目标

- 介绍任务间通信和交互的原因。
- 说明任务之间如何相互通信。
- 描述同步和协同(非同步)任务交互。
- 说明何处、何时应优先选择任务协同而不是任务同步及选择的原因。
- 引入协同标志、事件标志和事件标志组。
- 解释单向和双向同步的概念与使用。
- 说明如何使用内存池和队列实现任务间的数据传输。
- 展示邮箱如何实现带任务同步的数据传输。

5.1　简介

5.1.1　任务间通信概述

我们之前已经了解到,从软件的角度来看任务可能是独立的,但这并不是常见的情况,任务间通常是相互作用的。而且事实证明,任务间的交互有三种不同的通信形式,如图 5.1所示。

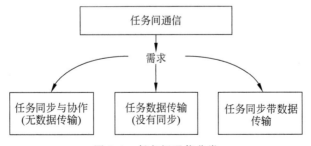

图 5.1　任务间通信分类

第一种交互方式,任务通信可以在不交换数据的情况下同步和/或协同它们的动作。同步和协同需求通常发生在任务由事件(或事件序列)而不是数据建立关联的地方。这些事件包括与时间相关的因素,如延迟时间、运行时间和系统时间。例如,考虑这样一个需求:显示任务需要更新状态信息以响应来自键盘处理任务的命令。这里的键盘处理任务与显示任务之间没有数据传输,只有事件信号。

第二种交互方式,任务必须交换数据,但不需要同步操作。在控制系统示例中,信息由显示输出任务控制,数据从其他任务获得。它们没有必要同步工作,可以很好地异步运行,仅根据需要传输数据即可。

第三种交互方式,任务可能必须在同步的时间点交换数据。例如,测量任务的输出也是计算任务的输入,意味着有数据传输需求,但同样重要的是,计算任务只处理最新的信息,因此它与测量过程同步工作。

为了安全有效地运作,分别为这三种功能开发了单独的机制。在后面的章节中会对它们进行详细的介绍。

5.1.2　协同与同步

首先,让我们弄明白"协同"和"同步"这两个术语的含义。《钱伯斯英语词典》对其定义如下。

协同:整合和调整众多不同的部分或过程,以使彼此之间顺畅地联系起来。

同步:使与其他事物或彼此在精确时间内发生、移动或运行。

有时任务同步和任务协同之间的界限会有些模糊,它们之间关键的区别在于"精确时间"一词。协同忽略了时间的精确性,从根本上说,它旨在确保任务以正确的顺序和/或在满足特定条件时运行。

例如,需要实现以下规范:

"在所有互锁都清除,所有警报都解除之后才能启动压缩机"。

假设将软件设计为包含一个互锁任务、一个警报任务和一个压缩机任务。为了符合规范,压缩机任务必须延迟启动,直到其他任务完成特定的工作。

(1)对互锁和警报任务的完成顺序并无要求。

(2)不限制压缩机任务何时执行检查以确定是否可以开始启动序列。

(3)互锁和警报任务提供了所需的事件信息(互锁清除,警报解除)后,它们可以继续执行其他操作。

(4)压缩机任务在等待条件满足的同时,继续进行其他操作。

因此,在协同活动时发送方或接收方都不需要进入等待或挂起模式。

这与需要同步其操作的活动完全不同。一个自动物料处理的例子如图 5.2 所示,这里使用了托盘运输机器人和物料装载/卸载(码垛机)机器人两个机器

图 5.2　自动物料处理

(注:查看 YouTube 上 Lambert Material Handling 典型码垛机操作的视频;来源:Lambert Material Handling,美国纽约州雪城)

人。运输机器人的功能是在工厂中移动托盘,而码垛机器人的功能是卸货和/或将物品装载到托盘上(码垛),所有操作都由软件控制,由运输任务和码垛任务完成。

在物料被转移到托盘或从托盘转移之前,两个机器人必须处于正确的位置。我们要做的是:

(1) 正确定位两个机器人(在同步点或集合点)。

(2) 执行所需的加载/卸载操作。

(3) 恢复单个机器人操作。

由于这两台机器人是独立的单元,我们无法预测哪个先准备好开始码垛,因此,如果运输机器人是第一个到位的,它必须等码垛机器人准备好;同样地,如果码垛机器人首先就绪,它必须等运输机器人也准备好。这对于代码设计意味着必须在每个任务的代码中确定同步发生的确切位置,在这些位置插入同步机制。

实现软件的协同和同步的结构有条件标志、事件标志和信号三种(见图 5.3)。对于两种标志而言,操作是设置、清除和检查(读取),而对于信号而言,操作是等待、发送和检查(此处的术语选择考虑嵌入式系统的准确性、清晰性和历史用法)。请注意:在许多 RTOS 中,预定义的标志结构是事件标志。

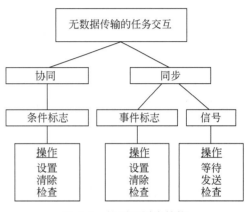

图 5.3　协同和同步结构

5.2　无数据传输的任务交互

5.2.1　任务协同机制

1. 简单条件标志

第 3 章中已经介绍了标志的各种应用,基本的想法很简单,也展示了如何将它们用作忙等待互斥机制。但是在这里,它们的功能是允许任务协同它们的活动,在这个角色中,它们被称为条件标志。请注意,使用条件标志这个术语,是为了避免与事件标志混淆,在实践中条件标志简称为标志。

思考如图 5.4(a)所示的简单信令要求。

在图 5.4(a)中,HMI 任务向电机控制任务发送启动和停止命令。这些命令是响应操作员键盘(未显示)的输入而生成的。这两个任务都需要连续运行,系统才能正常运行。实现该需求的最简单方法是使用一个全局变量,同时这也是一个糟糕的方法,全局变量的问题是众所周知的。基于任务的设计的一个基本规则是所有的任务间通信都使用合适的通信组件。图 5.4(b)不言而喻,它显示了如何在此应用中使用标志。

在代码级别,条件标志是一个二进制(两值)项,最好实现为布尔值。如果该数据类型不可用,则可以使用字、字节、位或枚举类型(RTOS 定义的数据类型通常不包含普通标志,因

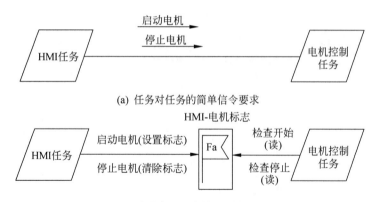

(a) 任务对任务的简单信令要求

(b) 任务信令要求的标志实现

图 5.4 简单使用标志进行协同

为这是基本数据类型)。

这种设计虽然满足了要求,但健壮性并不是很好。其中一个缺点是必须在代码级别上知道"设置(set)"表示开始,"清除(clear)"表示停止。结果是:

(1)这两者很容易混淆,容易出错。

(2)在检查代码时更难发现错误。

最好避免使用"set"和"clear"这两个词,而是使用一种自记录代码的形式,例如代码清单5.1。

代码清单 5.1

```
typedef enum {Start, Stop} StartStopFlag;
StartStopFlag HMImotorFlag = Stop;
```

还建议将所有通信组件封装在通信类或通信文件中,对于许多应用程序而言这个解决方案是完全可以接受的。然而,它的缺点是一个错误(例如使用Start替代了Stop)可能会在现实世界中产生严重的问题。现在看到的是一个有效命令被转换成另一个有效命令的情况,没有信息冗余。更安全的设计如图5.5所示,其中每个单独的命令都有一个对应的标志。

这里使用的规则是:

(1)HMI发送任务在改变状态前检查标志是否被重置。

(2)电机控制任务在执行命令前检查两个标志的状态。检查成功后,命令标志被重置。

基本的代码结构如代码清单5.2所示(当然,这不是唯一可以使用的规则)。

代码清单 5.2

```
typedef enum {StartSet, StartReset} StartFlag;
typedef enum {StopSet, StopReset} StopFlag;

StartFlag MotorStartFlag = StartReset;
StopFlag MotorStopFlag = StopReset;
```

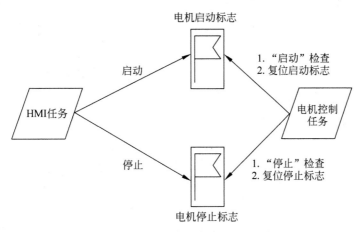

图5.5 改进后使用标志进行协同

2. 条件标志组

现在看看条件标志组(见图5.6),也就是将一组标志组合成一个单元。条件标志组通常是一个变量,每个标志位于变量中的一位。因此:

(1) 每位都可以单独改变。

(2) 整个组可以使用单个写入命令修改。

(3) 一组位可以使用位屏蔽方式改变。

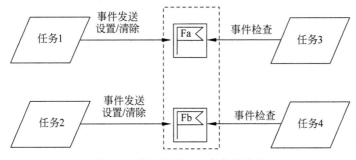

图5.6 任务协同——条件标志组

如图5.6所示,单个标志组可以替换多个单独的标志。但是请注意:最好不要把普通标志建立在这样的结构上,否则一个简单的编程错误可能会对系统造成严重破坏,可以自行找出原因。

标志组在以下两种情况下特别有用。

(1) 任务正在等待一组事件(见图5.7)。

(2) 任务向许多其他任务广播事件(见图5.8)。

如图5.7所示,标志组便于实现下列组合逻辑操作。

(1) 逻辑与:只有当互锁和报警清除后,才能启动电机。

(2) 逻辑或:如果检测到超速或高温,必须停止电机。

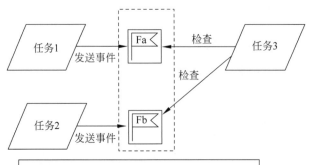

图 5.7　条件标志组——等待一组事件

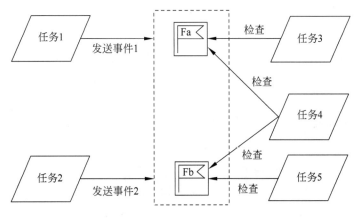

图 5.8　条件标志组——广播功能

（3）复杂的决策：当发酵完成且碱液温度低于 30℃ 或操作人员手动选择"清空罐"时，将自动清空罐。

图 5.8 显示了广播功能的实际应用。这里的标志 Fa 允许任务 1 向任务 3 和任务 4 广播，而标志 Fb 允许任务 2 向任务 4 和任务 5 广播。

5.2.2　使用事件标志单向同步任务

单向同步是一种有限同步形式，但在某些情况下非常有效。考虑燃料箱保护系统中的一个要求，即一旦检测到火焰，就必须激发气体抑制剂瓶。为了防止爆炸，响应必须非常快，从检测到完成通常不到 10ms。我们的实现是可以让火焰探测器产生一个中断，立即调用灭火任务。因此，软件交互涉及两个任务：火焰探测中断服务程序（ISR）和灭火任务。ISR 是发送者任务，灭火任务是接收者任务。注意，这个接收者任务是非周期性的，通常它处于挂起状态，等待被发送方任务唤醒（等待会合）。相比之下，发送任务不等待与接收者同步，它仅在同步条件满足时发信号。这种单向同步如图 5.9 所示。

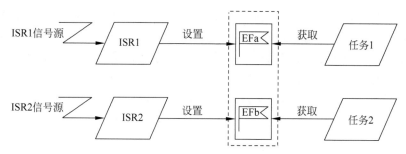

图 5.9　事件标志和单向同步

这里的事件标志用于支持任务间的交互,基本规则如下。

(1) ISR1/ISR2 是发送者任务,任务 1/任务 2 是对应的接收者。

(2) 事件标志初始化为清除状态(标志值＝0)。

(3) 当任务在清除标志上调用"获取"时,该任务会被挂起。

(4) 当任务在设置标志(标志值＝1)上调用"获取"时,它会清除标志并继续执行。

(5) 当任务在清除标志上调用"设置"时,它会设置该标志并继续执行。如果任务在标志上等待挂起,则该任务被唤醒(就绪)。

(6) 当一个任务在设置标志上调用"设置"时,它会继续执行。

例如,在图 5.9 中:

(1) 如果任务 1 在 ISR1 生成"设置"之前调用"获取",则它被挂起。随后当"设置"设置标志(EFa)后,任务 1 就绪。

(2) 如果"设置"是在任务 1 调用"获取"之前生成的(即 ISR 任务先到达同步点),ISR1 不会停止而是继续执行。"设置"调用使标志 EFa 处于设置状态。因此,当任务 1 调用"获取"时,它首先清除该标志,然后继续执行。但是请注意:单向同步通常用于使发送方任务唤醒接收方,是"延迟服务器"的一种。

下面来看一个基于 ThreadX 的简单示例(见图 5.10),事件标志组是一个 32 位的变量。

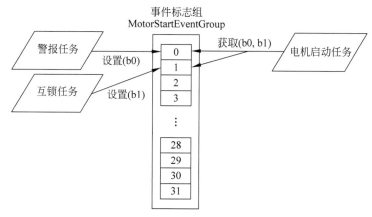

图 5.10　事件标志组——等待事件集

　　事件标志组的目的是通过单向同步实现"只有当互锁和警报清除时才能启动电机"的规范。当互锁清除时,互锁任务将设置事件标志组的位 1。当警报清除时,警报任务设置位 0。除非两位都被设置(值为十六进制的 00000003,简写为 03H 或 0x03),否则接收者电机启动任务无法继续通过同步点。

　　代码清单 5.3 展示了基本声明和事件标志组的创建。代码清单 5.4 和代码清单 5.5 展示了如何设置标志组的各位,而代码清单 5.6 展示了接收方任务的操作。相关的注释说明了代码的作用。

代码清单 5.3

```
/* ============= 声明 ======================= */
TX_EVENT_FLAGS_GROUP MotorStartEventGroup;
uint GroupCreationStatus;
uint SetServiceStatus;
uint GetServiceStatus;
/* 代码中 */
/* =========== 创建事件标志组 ==================
*/
/*
所有位都自动初始化为零,即被清除
*/
GroupCreationStatus = tx_event_flags_create (&MotorStartEventGroup,
                                     "MotorStartEventGroup");
```

代码清单 5.4

```
/* ========== 警报任务中的设置操作 =============== */
/*
将标志值与 0x01 进行逻辑或操作以设置位 0
*/
SetServiceStatus = tx_event_flags_set (&MotorStartEventGroup, 0x01, TX_OR);
```

代码清单 5.5

```
/* =========== 互锁任务中的设置操作 ===============
*/
/*
将标志值与 0x02 进行逻辑或操作以设置位 1
*/
SetServiceStatus = tx_event_flags_set (&MotorStartEventGroup, 0x02, TX_OR)
```

代码清单 5.6

```
/* ======== 电机启动任务中的设置操作 ================
*/
/*
```

```
此处是同步点
任务等待被无限期地挂起,直到位 0 和 1 被设置(即标志的值为 0x03,所有其他的位忽略)
当发生这种情况时,事件标志被清除,任务继续执行
*/
GetServiceStatus = tx_event_flags_get (&MotorStartEventGroup, 0x03,
TX_AND_CLEAR, TX_WAIT_FOREVER);
```

5.2.3 使用信号双向同步任务

图 5.2 所示的物料搬运机器人动作的同步需要使用双向同步。双向同步是通过使用信号实现的,这些信号操作包括"等待""发送"和"检查"(见图 5.11)。

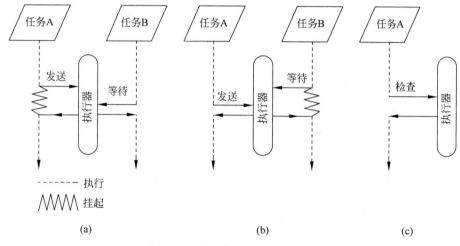

图 5.11 使用信号进行任务同步

发出信号的动作是执行者的责任,对用户来说这类操作是透明的。

首先来看"发送"动作,如图 5.11(a)所示。任务 A 执行它的程序到达发送信号的位置,并成功地将信号发给执行器。在此时刻没有任务等待接收这个信号,因此任务 A 被挂起。一段时间后,任务 B 对任务 A 发出的信号产生等待请求。任务 B 获得信号后继续执行,等待请求还会重新启动任务 A。

如果任务 B 在任务 A 发送信号之前产生等待会发生什么(见图 5.11(b))？结果会是任务 B 被挂起,直到任务 A 发送信号。此时任务 A 唤醒任务 B,然后继续执行。

允许任务决定是否参与同步可以为信号的构造增加灵活性。在图 5.11(c)中,检查操作会检查信号的状态,但本身不会停止任务执行。决策留给检查任务,可以非常有效地用于轮询操作。

在实践中,信号通常使用函数实现,如代码清单 5.7 所示。

代码清单 5.7

```
void Send (SyncSignal SignalName);
/* 向同步信号量 SignalName 发送一个信号,如果没有任务等待信号则挂起 */
void Wait (SyncSignal SignalName);

/* 等待信号,如果在生成请求时没有信号,任务就会挂起,否则将重新激活发送方并重新调度系
统 */
typedef enum { false, true } bool;

bool Check(SyncSignal SignalName);
/* 检查是否有任务等待发送信号,如果有信号则返回 true */
```

下面是一些需要说明的重点。

(1) 任务之间没有一对一的联系,在这些构造中没有指定任务配对。

(2) 任务被认为既是发送者又是接收者。

(3) 信号与特定的任务无关。一个任务需要"等待",而另一个任务需要相应地"发送"。

(4) 它们展示出信号量的不安全性。

(5) 信号看起来非常像二进制信号量,它们的实现非常相似。它们之间的根本区别在于使用方式,而不是构造。信号量通常用作互斥机制,信号用于同步。

(6) 很少有 RTOS 提供双向同步结构。

信号量可以用于创建信号,但不是简单的一对一关系。一种设计方法是使用两个信号量(每个信号方向一个,见图 5.12)来构建单个信号。用于实现该功能的伪代码见代码清单 5.8。代码清单 5.9 给出了一个基于 Pthreads 的更完整的示例。这里与发送信号等价的是 Pthreads 构造的"发布"(post)。

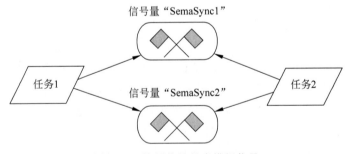

图 5.12　使用信号量来模拟信号

代码清单 5.8

```
/* 任务 1 代码: */
    while (1)
    {
        代码语句;
        /* 同步点 */
```

```
        Signal (SemaSync2);
        Wait (SemaSync1)
        代码语句;
    } /* 循环结束 */

/* 任务 2 代码: */
    while (1)
    {
        代码语句;
        /* 同步点 */
        Signal (SemaSync1);
        Wait (SemaSync2);
        代码语句;
    } /* 循环结束 */
```

代码清单 5.9

```c
/* 简单的 pthread 示例 - 使用信号量同步 */
/* ----------------------------------------------------- */
main 代码单元
# include < pthread. h >
# include < semaphore. h >
# include < stdio. h >

void * Task1(void * );
void * Task2(void * );

# define NUM_THREADS 2
pthread_t tid[NUM_THREADS];          /* 线程 ID 数组 */
sem_t SemaSync1, SemaSync2;          /* 信号量 */
main( int argc, char * argv[ ] )
{
    int i;
    sem_init(&SemaSync1, 0, 0);
    sem_init(&SemaSync2, 0, 0);
    pthread_create(&tid[0], NULL, Task1, NULL);
    pthread_create(&tid[1], NULL, Task2, NULL);
    for ( i = 0; i < NUM_THREADS; i++)
    pthread_join(tid[i], NULL);
    /* 其他代码语句 */
} /* main 结束 */
/* ------- 任务 1 代码 ----------------------------- */
void * Task1(void * parm)
{
    /* 同步之前的代码 */
    /* 同步点 */
    sem_post(&SemaSync2);
    sem_wait(&SemaSync1);
```

```
        /* 同步之后的代码 */
    }
    /* ------- 任务 1 代码结束 ----------------------------- */
    /* ------- 任务 2 代码 --------------------------------- */
    void * Task2(void * parm)
    {
        /* 同步之前的代码 */
        /* 同步点 */
        sem_post(&SemaSync1);
        sem_wait(&SemaSync2);
        /* 同步之后的代码 */
    }
    /* ------- 任务 2 代码结束 ----------------------------- */
```

最后一个例子展示了分散在任务中的信号量操作。如果在实践中选择使用这种方法，会以发生事故而告终。更好的做法是使用监视器类型的技术，图 5.13 从概念上给出了该技术的结构。

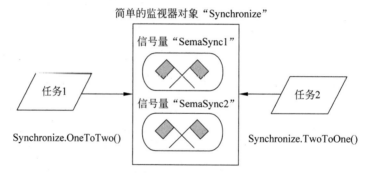

图 5.13　基于信号量的更安全的信号结构

5.3　无任务同步或协同的数据传输

5.3.1　概述

在许多情况下，任务交换信息时不需要任何同步或协同。可以通过包含互斥特性的直接数据存储来实现此类需求。在实践中使用了两种数据存储机制——内存池(pool)和队列，如图 5.14(a)所示。队列也称为通道、缓冲区或管道。

5.3.2　内存池

内存池是一个可读可写随机访问的数据存储，见图 5.14(b)。通常用它来保存进程的共有的项目，例如系数值、系统表、报警设置等。图 5.14(b)中显示任务 A 和任务 C 将数据存入池中，而任务 B 将信息从池中读取出来。读取操作不是破坏性的，即池中的信息不会因读取操作而改变。内存池由可读写的内存组成,通常是 RAM(以读操作为主时可以使用闪存)。可以使用记录或结构(C 或 C++中的结构类型)轻松地创建内存池,因此它们通常不作为 RTOS 特定的类型提供。构建一个内存池时,它应该像所有任务通信组件一样健壮和安全。存储自身应该封装为私有项,并包含互斥保护(见图 5.15),只能通过访问接口中提供的公共函数访问内存池的数据。

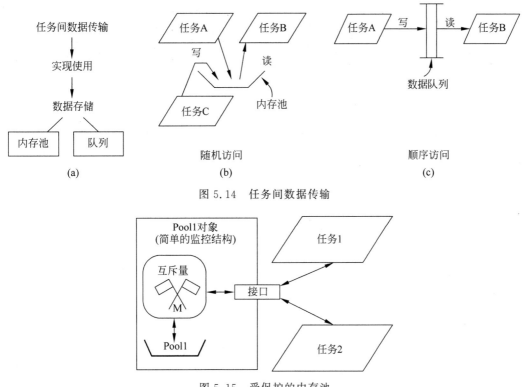

图 5.14　任务间数据传输

图 5.15　受保护的内存池

在实际系统中,可根据需要使用多个内存池,这限制了对信息的访问,从而避免了全局数据的问题。

5.3.3　队列

队列被用作进程之间的通信管道,通常是一对一的,见图 5.14(c)。任务 A 将信息存入队列,任务 B 以先进先出的方式提取信息。队列通常应足够大,可以承载许多数据,而不仅仅承载单个数据项。因此,它可以充当缓冲或暂存器,为管道提供灵活性。它的优点是插入和提取功能可以异步进行(只要管道没有填满)。它在 RAM 中实现。进程之间传递的信息可能是数据本身,也可能是指向数据的指针。指针通常用于在 RAM 存储受限时处理大量数据。实现队列的技术有两种:链表类型结构和循环缓冲区。

链表类型结构已经在调度部分讨论过,无须进一步详细描述。链表的一个非常有用的特性是它的大小不一定是固定的,而是可以根据需要扩大或缩小。此外,可以构建非常大的队列,仅受可用内存空间的限制。但是对于嵌入式系统来说,这些并不是特别的优势。首先,如果 RAM 有限,则根本不可能构造很大的队列。其次,处理多个消息的大型 FIFO 队列从数据输入到数据输出可能会有较长的传输延迟,就性能而言,对于许多实时应用可能太慢。因此,用于嵌入式的首选队列(通道)结构是循环缓冲区,如图 5.16 所示。

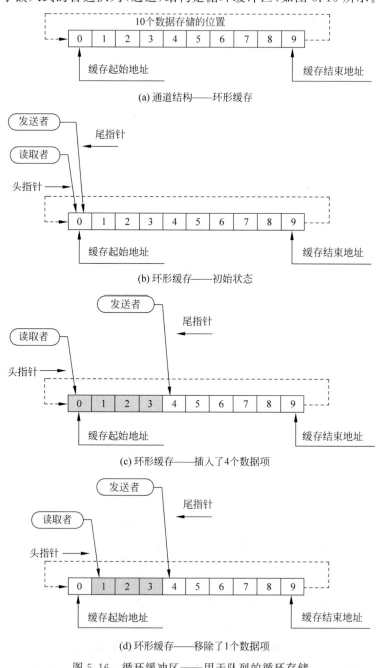

图 5.16　循环缓冲区——用于队列的循环存储

　　循环缓冲区通常设计为使用固定数量的内存空间,用来保存一定数量的数据,如图 5.16(a) 所示。缓冲区大小是在创建时定义的(例如这里是 10 个数据单位),但在之后是固定的。使其循环的原因是数据单元 0 是数据单元 9 的后继,寻址是使用模 9 计数器完成的(就像 12 小时时钟使用模 12 计算一样)。

　　在读写操作期间,数据可以在通道中移动。但是,一般来说这会带来不可接受的时间开销,这里使用另一种方法,图 5.16(b)展示了如何使用指针来标识存储数据的起始和结束位置("读取者"和"发送者")。通过指针,不必在缓冲区中移动数据。插入的数据单元始终位于相同的内存位置,仅需改变指针的值,如图 5.16(c) 和图 5.16(d) 所示。这些指针也可以用来定义队列满和队列空的条件(当它们相等时)。

　　在正常情况下,任务 A 和任务 B 异步进行,根据需要从队列中插入和删除数据。任务挂起只在两种情况下发生:队列满和队列空。如果队列满时,任务 A 尝试加载一个数据单元,那么任务 A 将被挂起。同样,如果队列空时,任务 B 试图读取一个数据单元,则任务 B 被挂起。在很多实现中挂起不会发生,而是会触发错误异常。

　　内存池和队列之间有一个重要的区别——内存池读取数据不会影响内容,但是从队列读取时会"消耗"数据,即破坏性操作(实际上这只是概念性看法,读指针只是移到了下一个位置)。

　　代码清单 5.10~代码清单 5.13 给出了队列使用的概要。

代码清单 5.10

```
/* 基础 API */
/* 1. 创建队列 */
FOS_CreateQueue(QLength, QItemSize);
/* 2. 从队列获取消息 */
FOS_GetFromQueue(QName, AddOfQData, QwaitingTime);
/* 3. 向队列发送消息 */
FOS_SendToQueue(QName, AddOfQData, QwaitingTime);
```

代码清单 5.11

```
/* 创建一个全局的队列联结发送任务 A 和接收任务 B */
/* 使用 RTOS 提供的数据类型 */
FOS_QName GlobalQA2B;
FOS_QLength QA2Blength = 1;
FOS_ItemSize QA2BItemSize = 4;
GlobalQA2B = FOS_CreateQueue (QA2Blength, QA2BItemSize);
```

代码清单 5.12

```
/* 发送到队列 - 任务 A */
/* 使用 RTOS 提供的数据类型 */
long DataForQueueA2B;
const FOS_QwaitTime NoWaiting = 0;
```

```
FOS_ QloadStatus QLoadState;
QLoadState = FOS_SendToQueue (GlobalQA2B, &DataForQueueA2B, 0);
```

代码清单 5.13

```
/* 从队列获取－任务 B */
/* 使用 RTOS 提供的数据类型 */
long DataFromQueueA2B;
const FOS_QwaitTime NoWaiting = 0;
FOS_QreadStatus QreadState;
QreadState = FOS_GetFromQueue (GlobalQA2B, & DataFromQueueA2B, NoWaiting);
```

5.4 有数据传输的任务同步

如前所述,在某些情况下,任务不仅等待事件,而且还使用与这些事件相关的数据。为了实现这个目的,需要同步机制和数据存储区域。此时可以使用的结构是邮箱,邮箱包含同步信号和数据存储,如图 5.17 所示。

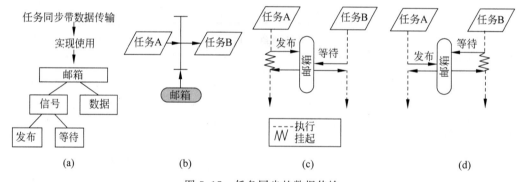

图 5.17　任务同步的数据传输

当一个任务希望向另一个任务发送信息时,它将数据发布(post)到邮箱。相应地,当一个任务在邮箱中查找数据时,它会等待(pend)。实际上,发布和等待是信号。此外,数据本身通常不通过邮箱传递,而是使用数据指针。无论数据内容有多大,数据都被视为一个单元。

因此,从概念上讲只有一个存储项。任务同步是通过挂起任务直到满足所需条件来实现的,如图 5.17(c)和图 5.17(d)所示。任何发布到没有任务等待的邮箱的任务都会被挂起,当接收者等待信息时它才会恢复。相反,如果等待操作先发生,则任务将挂起直到发布操作发生。

邮箱经常用作多对多通信管道。这比一对一结构的安全性要低得多,在关键应用程序中是不可取的。

代码清单 5.14～代码清单 5.17 给出了基于 MicroC/OS-Ⅱ API 的邮箱使用的概要。

代码清单 5.14

```
/* 基础 API */
/* 1. 创建一个空的邮箱 */
OSMboxCreate ((void *) 0);
/* 2. 往邮箱存一条消息 */
OSMboxPost (MBoxName, AddOfMessage);
/* 3. 从邮箱收取一条消息 */
OSMboxPend (MBoxName, TimeOutValue, ErrorCode);
```

代码清单 5.15

```
/* 创建联结发送任务 A 和接收任务 B 的全局邮箱 */
OS_EVENT * GlobalMBoxA2B;
GlobalMBoxA2B = OSMboxCreate ((void *) 0);
```

代码清单 5.16

```
/* 发送到邮箱 - 任务 A */
INT8U DataForMBoxA2B[50];
INT8U err;
err = OSMboxPost (GlobalMBoxA2B, (void *) &DataForMBoxA2B[0]);
```

代码清单 5.17

```
/* 从邮箱获取 - 任务 B */
void * DataFromMBoxA2B;
INT8U Wait200 = 200;
INT8U err;
DataFromMBoxA2B = OSMboxPend (GlobalMBoxA2B, Wait200, &err);
```

5.5 回顾

通过本章的学习,应该能够达到以下目标。

- 了解为什么任务通常会相互通信和交互。
- 清楚了交互关系可以分为三类:没有数据传输的交互、任务间异步数据传输和同步数据传输。
- 知道协同标志和事件标志的用途以及它们与标志组的关系。
- 清楚使用标志组的原因。
- 了解事件标志如何支持单向同步。
- 理解信号是什么以及它如何实现双向同步。
- 知道如何用信号量或互斥量构造信号。
- 理解使用两种数据传输机制(内存池和队列)的原因。

- 清楚内存池和队列是如何构建的。
- 了解内存池和队列这两种方法的差异、优点和缺点。
- 理解循环缓冲区的工作原理并了解为什么使用它来实现数据传输通道。
- 了解邮箱的功能。
- 清楚邮箱的工作原理和使用邮箱的原因。

此时,应该完成《嵌入式实时操作系统——基于 STM32Cube、FreeRTOS 和 Tracealyzer 的应用开发》中剩下的实验。

第 6 章

存储的使用和管理

本章目标

- 简要概述嵌入式系统中数字信息的存储。
- 说明为什么同时使用易失性和非易失性存储(存储器)设备。
- 对重要的嵌入式设备特性进行比较,并展示它们在实时嵌入式应用程序中的组织方式。
- 解释存储器结构的概念和物理视图之间的区别。
- 描述为什么在健壮系统中需要内存访问保护以及如何实现。
- 阐述为什么使用动态内存分配以及它会导致什么问题。
- 描述固态存储器的存储特性。

6.1 在嵌入式系统中存储数字信息

6.1.1 简介

本节的内容是"你并不需要知道,但了解后会非常有用"的知识。因此,如果渴望知识,请继续阅读。

首先,处理器系统中的所有信息都以数字电子格式保存,即使它源自磁盘存储。其次,系统必须始终保留一些信息,即使断电也是如此。同时在不会影响行为或性能的情况下,可以承受失去其余部分信息。简而言之,如果在系统断电后信息必须保留,那么它是非易失性的;相反,如果信息丢失了,那么它是易失性的。请注意,这里并没有说明这些信息代表什么,也没有说明为什么要拥有这些信息,后面再来探讨这个问题。目前,需要确定能够存储这些信息的电子技术。另外,请记住,不需要知道这些技术的实现原理,它们与这里讨论的内容没有关系。

为了在嵌入式系统中存储信息,人们开发了各种技术和设备,如图 6.1 所示。可以看出,它们包含两大类:非易失性数据存储和易失性数据存储。

6.1.2 非易失性数据存储

根据对信息进行重新编程的情况,非易失性数据存储分为三类。第一种情况,信息一次

"加载"(编程)后不再更改,是不可擦除的。严格地说,"擦除"意味着将数字存储中的所有位设置为相同的值。第二种情况是确实打算更改信息,但不是很频繁。第三种情况也是打算更改信息,但只是简单地在软件的控制下完成,不会在存储设备的生命周期内进行大量的更改,主要是读取为主。

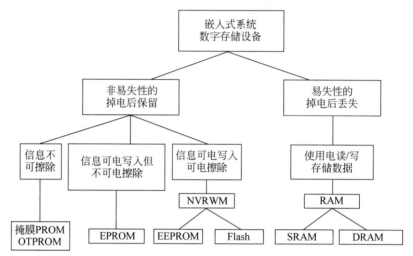

图 6.1　嵌入式系统中的存储设备

1) 不可擦除存储

有两种类型的不可擦除存储设备：掩膜 PROM(掩膜可编程只读存储器)和 OTPROM(一次性可编程只读存储器)。掩膜 PROM 在制造过程中编程,大量使用时造价很低。OTPROM 以擦除状态提供,然后由用户使用电气编程。编程后的数据无法更改,被设备永久保留。

2) 可擦编程只读存储器——EPROM

可擦编程只读存储器(EPROM)设备内容是用紫外线擦除的,而写入新信息以电的方式完成。要改变存储的信息,先擦除 EPROM,然后重新编程。

3) 非易失性读写存储器——NVRWM

非易失性读写存储器(Non-Volatile Read-Write Memories,NVRWM)由两种技术组成。第一种是电可擦可编程 ROM(EEPROM),第二种是闪存(Flash 存储器)。这两类存储器的擦除和编程都是使用电来完成的,在目前阶段,不考虑其中的差异。闪存被广泛应用于单片机,以至于 Flash 这个词往往被用作一个通用术语。其他器件还有铁电随机存取存储器(FRAM)和磁阻随机存取存储器(MRAM),目前,它们还没有广泛应用于嵌入式系统。

6.1.3　易失性数据存储

通常易失性读写数据存储器称为随机访问存储器(RAM),尽管这有时并不完全正确。它们有两种形式——静态 RAM(SRAM)和动态 RAM(DRAM)。如前所述,它们是如何工作的并不重要,这里只关注它们的成本、速度、比特密度、功耗和运行的可靠性。

6.1.4　内存设备——Flash 和 RAM 的简单比较

这里只考虑最广泛使用的设备：Flash、SRAM 和 DRAM。

乍一看，Flash 似乎足以满足所有需求，毕竟它是非易失性的，也是一个读写设备。不足的是，速度和磨损会影响它作为普通存储设备的使用。

Flash 的读取速度很快，通常可与通用 SRAM 相媲美。相比之下，写操作则要慢得多（在某些情况下读是写的 10 倍）。这种差异主要是因为写入 Flash 实际上涉及擦除，然后是新数据的编程。如果大多数内存操作都是读操作，那么基于 Flash 和基于 RAM 的设计的性能是相当的。但一旦涉及大量的写操作，RAM 的性能明显优于 Flash。

设备磨损是由擦除/重新编程操作引起的。现代设备通常可以保证在 10^5 到 10^6 次操作内正确运行。这对使用 Flash 盘（RAM 盘）替代硬盘影响最大，稍后讨论。EPROM 也会磨损，但在实践中不是问题。

6.1.5　内存设备——SRAM 和 DRAM 的简单比较

表 6.1 给出了 SRAM 和 DRAM 的关键特性比较，就其性质而言，这种比较是非常笼统的。例如，超高速的 DRAM 比普通 SRAM 快。但若同类比较，则高速 SRAM 比高速 DRAM 快，表 6.1 中的速度关系通常是 5：1。

表 6.1　SRAM 和 DRAM 的关键特性比较

设　　　备	存储密度	每位成本	速　　　度	功　　　耗	可　靠　性
SRAM	低	高	快	低	良好
DRAM	高	低	慢	高	一般

再来看可靠性，需要明确的一点是，这里的可靠性指的是数据位被损坏的概率，而不是设备本身的故障。对于 SRAM，每个数据位是由一组锁存晶体管的状态定义的。对于 DRAM，每个数据位由片上电容器的电荷状态定义。由于固有的电荷泄漏，故 DRAM 必须定期刷新，这种存储方法的缺点是会发生位翻转，位翻转通常由电磁干扰（EMI）引起，在 DRAM 中更容易发生。

如果发生位翻转，可能导致严重故障，所以必须在使用设备时采取额外的预防措施。这些措施通常是在数据位中存储额外的检查位，并使用错误校验代码验证正确性。对于普通的应用程序，每个字节都添加一个检查位，错误由错误检测代码标记出来（不尝试纠正错误）。对于高度关键的应用程序（例如深空飞行器），每个数据字后面都附加若干检查位，以允许进行错误检测和纠正。

6.1.6　嵌入式系统——存储设备结构

所有关于嵌入式系统中存储设备的选择和配置的决定都取决于一个基本问题：必须始终保存哪些信息？当嵌入式系统开机时，希望它能够自启动并正常工作，但这只有在程序代码和所有重要数据都存在的情况下才行,即使在断电的情况下。这意味着代码和基本数据(常量和变量)必须保存在非易失性存储器中。

对于代码,这没有什么问题,但对于数据,特别是可变数据(即在系统运行过程中会发生变化),断电的时候到底应该保存什么?下面通过一些例子来回答这个问题。

第一个例子是个人气象站,其测量信息包括时间、温度、压力等。在这个应用程序中,当设备断电时,是否需要保留当前的这些数据?不用,这些数据不是特别重要,因此可以存储在 RAM 中。

第二个例子是汽车收音机,它允许用户将电台分配给特定的选择按钮。这不是永久性的分配,用户可以随意更改设置,但每次收音机被重新打开时,设置应该与关闭时相同。显然,在关机时保留这些设置是必要的,这意味着它们必须保存在非易失性存储器(Flash)中。

第三个例子,考虑记录潜艇推进电池的充电状态的设备。这种情况下,测量和计算必须在很短的时间间隔(比如几秒钟)内进行,并且需要长时间的连续操作(可能是几个月)。得保证即使处理器断电,也不能丢失这些信息。这就需要非易失性数据存储,但是存储需求与前面的示例不同。

对于收音机,在车辆的生命周期内,改变设置的次数相对较少,因此数据重写的次数也会很少。在这种情况下,将设置数据存储在 Flash 中是完全安全的。相比之下,电池监测系统会不断更新信息,会大量重写。所以如果数据直接存储在 Flash 中,那么很可能会出现磨损。解决这个问题的方法是使用 RAM 和 Flash 的组合,将正在进行的数据记录到 RAM 中,然后在检测到断电时将其写入 Flash 中。

至此,已经确定了什么样的数据应该存在哪里。现在来看看实际系统中存储设备的配置(请注意:这些例子具有代表性,但不全面)。

1)通用单片微控制器

从定义上讲,微控制器具有片上存储器。大多数现代设备都带有各种 Flash 和 SRAM 的组合。

2)用于高速应用的单片微控制器

它们具有片上 Flash 和 SRAM 以及快速外部 SRAM。在处理器初始化期间,存储的信息被加载到外部 RAM 中,在此之后,所有程序的执行都是基于 RAM 的。

3)用于复杂存储密集型应用的微控制器

DRAM 在应用程序需要大量内存的情况下发挥作用。但是在需要高性能的地方,DRAM 相对较慢的速度是一个缺点。为了缓解这个问题,可将一个额外的快速 SRAM 存储区域用作缓存,如图 6.2 所示。

图 6.2 使用内存缓存

这么做是为了加快速度。其原理是程序经常一次又一次地访问相同的内存信息,因此可将这些信息的副本(数据或指令)加载到高速缓存中供处理器使用,这样处理器和内存之间交互的速率由高速的 SRAM 而非较慢的 DRAM 决定。当程序本身位于主内存或从磁盘获取数据时,这尤其有效。对于许多微处理器,这类缓存集成在芯片上,称为 L1 缓存。

注意:这只是对一个复杂问题的浅略分析,但是可以了解如何在嵌入式系统中使用存储器。

6.2　存储的概念与实现

首先从查看内存设备与实时操作系统的基本元素之间的关系开始,如图 6.3 所示。

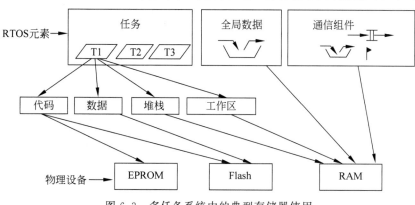

图 6.3　多任务系统中的典型存储器使用

RTOS 的主要项目是任务、通信组件和全局数据。严格讲,全局数据可以说是一个通信组件,它确实为软件的各个部分提供了一种相互"对话"的方式,但通常并不把其视为一个通信组件(在此上下文中"通信"表示"任务通信")。尽管如此,全局数据最合适的模型还是内存池。

构成任务的元素是它的代码、数据、堆栈和工作区,即堆。如前所述,代码通常保存在 EPROM 或 Flash 存储器中。每个任务可以有自己的独立堆栈,或者可以在所有任务之间共享单个运行堆栈。共享堆栈方法的优点是它比单独的堆栈方法需要更少的 RAM 空间。这在资源受限的系统中特别有用,例如那些只有少量 RAM 的系统。然而,共享堆栈系统的性能较差,特别是在高频度任务切换(上下文切换)速率的情况下。

现在观察图 6.4 中给出的多任务系统面向处理器的概念视图。

在这个模型中,假设每个任务都有自己的处理器,即任务"虚拟"处理器。在最简单的形式中,虚拟处理器由任务进程描述符中的"寄存器集"组成。当切换到任务的上下文时,它就成为一个实际的处理器,与 ROM 和 RAM 的私有和共享内存区域交互。私有内存存放任务特定的信息,包括数据和代码,其他任务不需要访问这些内容。共享内存通常用于全局数

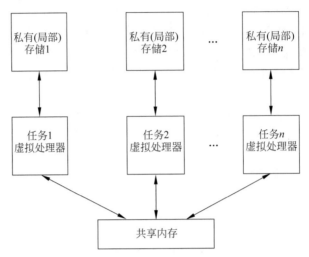

图 6.4　多任务结构的概念视图

据、通信组件和共享代码。

我们可以在内存使用和设备的上下文中协调这两个视图,如图 6.5 所示。这种存储结构是小型系统典型的结构。它由两个 64KB 的内存芯片、一片 EPROM(或 Flash)和一片 RAM 组成。这些设备被映射到处理器内存地址空间中的特定位置。每个内存地址是唯一的,设备地址不能重叠。前面的 RTOS 元素被映射到每个设备的地址空间中的特定位置。这同样也适用于单芯片微控制器,只是 Flash 和 RAM 位于芯片内,而不是外部设备中。

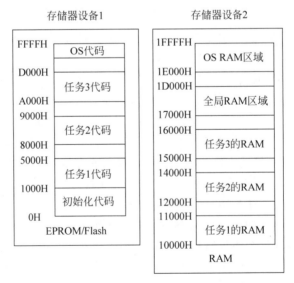

图 6.5　物理内存结构的例子——小型系统

6.3 消除任务间干扰

6.3.1 一种控制内存访问的简单方法

从图 6.5 的细节可以推断出许多重要信息,其中最重要一个是在这种物理结构中私有内存和共享内存之间的区别仅仅是概念上的。例如,任务 1 完全可以访问任务 2 和任务 3 的私有内存。更糟糕的是,它可能会干扰操作系统本身,这表明需要某种形式的保护机制。因此,许多处理器提供了"防火墙",至少使得操作系统和应用程序任务之间能够隔离(例如受保护的操作模式)。但这仍然留下了任务之间可能相互干扰的风险。图 6.6 展示了一种简单的解决方法。

图 6.6 防止任务干扰——简单的保护方案

当一个任务被调度时,内存地址边界被加载到两个寄存器中。处理器产生的每个内存地址都与这些边界进行比较,任何越界都会产生错误信号(通常是中断)。

虽然这个想法简单有效,但它也有一些缺点。第一,也是相当明显的,加载寄存器和执行需要耗费时间。其次,获得边界信息也很困难,这取决于所使用的内存分配方法。可以通过硬件提供保护来最小化时间问题。

实用小提示:地址信息通常是由下限地址值(基址)和所使用的内存大小(地址范围)生成的。

6.3.2 使用内存保护单元控制内存访问

内存保护单元(Memory Protection Unit,MPU)是一种专门设计用来防止任务进行无效的内存访问的硬件单元,如图 6.7 所示。它被编程为保存任务地址信息,确切地说是限制地址。

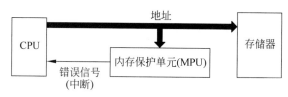

图 6.7 防止任务干扰——MPU 保护

MPU 监控 CPU 和处理器内存之间流动的地址信息,任何违反地址界限的行为都会产生错误信号(异常)。

MPU 可以从处理器级别和任务级别两个角度来看,如图 6.8 所示。保护方案的核心是一组内存保护寄存器(Memory Protection Registers,MPR)。此处的示例有 8 个寄存器,每个寄存器都保存一个任务的内存地址边界(基址加上相关的范围大小)。在任务创建时,每个 MPU 寄存器都配置了适当的内存信息。在任务执行期间,处理器生成的每个地址都与 MPR 保存的地址进行比较,任何超出预定义限制的访问内存的尝试都会引发异常。在此示例中仅对 RAM 区域提供保护,一些 MPU 还具有代码保护寄存器。

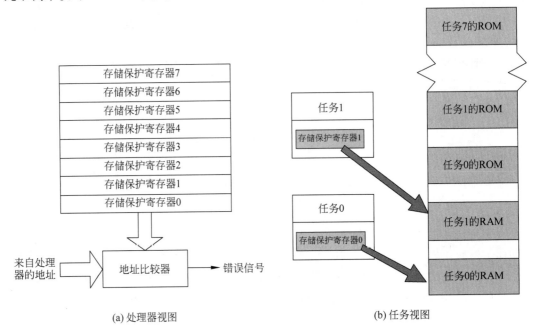

图 6.8　MPU 和其保护寄存器

建议在可能的情况下,支持多任务操作的硬件设计应包括 MPU(许多处理器现在提供了 MPU 作为片上电路的一部分,例如 ARM1156)。然而,它本身并不能计算出地址界限,仍然需要从程序或编译器的信息中获得。

6.3.3　使用内存管理单元控制内存访问

大多数嵌入式系统都是针对特定的应用设计的,例如机器人控制器、楼宇管理、船舶操纵等。但也有例外,一些系统旨在支持多种软件应用程序,如多媒体设备、游戏机、信息娱乐系统等。通常,每个应用程序的软件(代码和数据)保存在后备存储中,并在需要时加载到主存中。这就导致了一个关于程序编译时使用的内存地址的问题。

像这样的应用程序经常在具有不同内存大小和配置的微处理器上运行。关于目标内存结构的信息,即物理内存,在编译时是未知的。不过,可以假设目标具有与其地址空间匹配的内存(注意:32 位处理器可以寻址 2^{32} 个存储位置)。然后,程序员可以决定将哪些地址应用于特定应用程序。这些地址被称为逻辑地址,也就是处理器看到的地址。但是这些逻辑值不能直接应用于实际内存,它们必须首先映射到内存地址空间,即物理地址。这就是内存管理单元(Memory Management Unit,MMU)的主要作用,如图 6.9 所示。

图 6.9 MMU 的角色

MMU 包含一组转换寄存器,用于将 CPU 生成的逻辑地址转换为内存能识别的物理地址。当新的应用程序软件加载到主内存中时,这些寄存器会重新加载转换数据。

MMU 的第二个作用是内存保护。它执行这个功能的方式与前面描述的 MPU 完全相同。

所有由 MMU 以及 MPU 执行的操作对程序员来说都是"不可见的"。内存边界、地址转换、访问权限等都由操作系统处理。这些信息是在编译过程中生成的,源自任务创建、链接和位置信息。

6.4 动态内存分配及其问题

6.4.1 内存分配与碎片化

动态内存分配的问题主要适用于 RAM(尽管使用 Flash 内存可能也会出现类似的问题)。此外,这些问题也可能适用于不使用多任务处理的设计,尽管不那么严重。

如前所述,由于各种原因任务需要 RAM 空间。最基本的问题是如何提供这个空间。一种简单、有效的技术是在任务创建过程中为每个任务分配合适的 RAM 位置和大小。这个分配可以是显式的,也就是说程序员在源代码中定义。或者,可以将此类决定留给编译器。无论哪种方式,分配都是静态的,一旦确定,它将在任务的生命周期内保持不变。因此,在小型系统的程序开始时,RAM 的使用情况可能如图 6.10(a)所示,系统中包含已分配的内存块。

在许多小型系统中,内存分配之后不会再改变(当然实际使用的 RAM 量会有所不同)。但是在某些情况下这种方法会遇到困难。例如,一个周期性(比如每分钟一次)测量、处理和显示系统信息的数据监控系统。此操作可能会使用大量 RAM 存储,但它只需要很短的时间。永久占用仅间歇使用的资源是一种浪费。一种更有效的方法是系统仅在需要时分配 RAM。在完成所需的工作后,它会被回收以供将来使用。也就是说,分配和释放在运行中是动态的,如图 6.10(b)所示。

只要空闲 RAM 空间块足够大,能够满足需求,这种策略就没有问题。但如果内存分配和回收控制不仔细,系统很可能会出问题。假设一个任务请求比任何空闲区域都大的内存分配,如图 6.10(c)所示,就会出问题。在问题出现之前,可能已运行了几个月,但当它出现

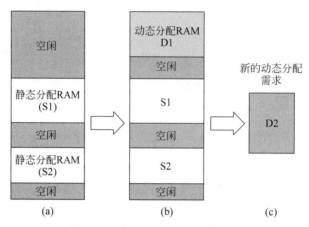

图 6.10　内存分配、碎片及其后果

时,故障可能是致命的。即使可用内存总量足以满足需求,也会发生这种情况。

　　问题的出现是因为分配的内存不是精细、紧凑和有组织的,导致它在整个可用的内存空间中碎片化了。

　　这种情况可能出现在 C 编程中,例如使用 malloc()和 free()标准函数就可能出现这种情况。这时就需要有一个定义良好、有组织和受控的内存分配技术。这对于非实时或软实时系统不会出现大的问题,因为有足够的时间在后台任务的控制下重新安排现有的内存分配。相比之下,高速的硬实时系统的实现更具有挑战性,必须一开始就使用防止内存碎片的技术。

6.4.2　内存分配和泄漏

　　现在看看第二个问题,即内存泄漏,见图 6.11。

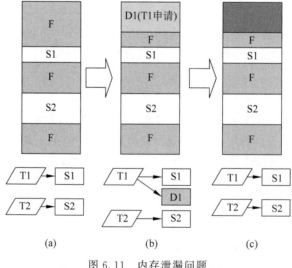

图 6.11　内存泄漏问题

图 6.11(a)演示了两个任务 T1 和 T2 静态内存分配的情况。任务 T1 使用内存区域 S1,任务 T2 使用内存区域 S2。假设在稍后的某个阶段,如图 6.11(b)所示,任务 T1 调用了一个调用 malloc() 的函数,以动态获取额外的内存 D1。不幸的是,由于程序员的错误,函数没有调用 free() 就终止了,因此它不会释放 D1。结果导致在程序运行期间可用内存量永久地减少了,即从可用内存池中泄漏了内存。

单次泄漏问题不大,多次泄漏就不行了。

泄漏不仅是一个任务问题,它适用于任何可以动态分配和释放内存的地方。有两个基本技术可以解决这个问题:操作系统控制(隐式)或程序员控制(显式)。

操作系统收回已分配但未引用的内存,称为执行"垃圾回收"。操作系统借助称为垃圾收集器的任务来执行此操作。它的工作是跟踪所有的内存项(对象)和对这些项的引用。如果它发现一个对象不再被引用,它会回收内存空间以供将来使用。虽然这种方法安全、可靠且使用简单,但它有一个主要缺点:垃圾收集器任务本身给系统的时序性能带来了不确定性。在一次收集所有垃圾的设计中,影响可能是巨大的。这种方法对于硬实时/快速系统是完全不能接受的。逐步地收集垃圾可以使这个问题的影响最小化。

多年来,显式内存管理一直是标准编程功能。与分配然后未能释放内存有关的问题是众所周知的。强烈建议在程序中采用安全的做法,即使会使得性能有所下降。一种经过验证的实用技术是将匹配的分配和回收操作封装在子程序中。如果做不到这一点,请使用捕捉内存泄漏的运行时分析工具检查程序。

注意:在实时系统中,应尽量避免动态内存操作,在关键应用中则不要使用。

6.4.3　安全的内存分配

提供安全内存分配的关键是使所有操作都具有确定性。首先,了解嵌入式系统中有多少 RAM。其次,决定用于动态操作的内存类型和大小。图 6.12 是一个典型的单片微控制器的例子。

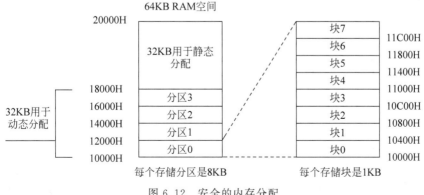

图 6.12　安全的内存分配

这里的微控制器的易失性存储是 64KB 的 RAM,映射到处理器地址空间,如图 6.12 所示。我们决定使用 32KB 进行动态分配。对该区域的内存分配和回收控制由 RTOS 提供的内存管理器处理。

32KB 被分成四个 8KB 的部分或"分区"(也称为"内存池")。注意,它们位于内存映射中的固定位置。每个分区依次由 8 个 1KB 的"块"组成,所有块都位于固定地址。正如这里所示,内存分配和回收的规则简单明了。

(1) 从选定的分区分配内存。

(2) 每个请求只分配一个块。

(3) 对当前分配的块进行计数。

(4) 被释放的内存总是返回它来自的分区。

(5) 每个返回请求只返回一个块。

(6) 分配/释放时间是确定的。

(7) 如果向空的分区发出分配请求,或尝试返回已满的分区,则会标记错误。

图 6.13 是一个分配/回收的示例,只有一点令人费解,即返回的块(块 0)占据了一个新的位置,这是为了使可用内存形成一个连续的块,对于防止碎片化至关重要。

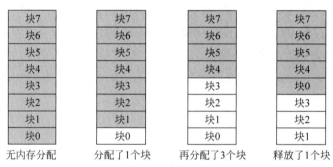

图 6.13　内存块分配和回收

为了在实际中应用,通常使用"内存控制块",如图 6.14 所示,也称为"分区控制块"("块"这个词是一个通用术语,表示数据结构,例如任务控制块)。

每个分区都有自己的控制块,由多个数据字段构成。图 6.14 中有 5 个字段,它们包含图中定义的信息。块重新排序的关键是使用地址(指针)来创建内存位置的链表,这使得重新排列物理内存块的逻辑关系变得非常容易。

| 分区的地址 |
| 分区中块的数量 |
| 块的大小 |
| 可用的块的数量 |
| 下一个空闲块的地址 |

图 6.14　内存(分区)控制块

下面的代码清单 6.1 是处理动态内存的伪代码示例。这将创建一个由 8 个块组成的内存分区,每个块有 1024 个整数空间。地址变量 MachineryLog 指向分区的开始。

代码清单 6.1

```
/* ========== 创建内存分区 ==================== */
int NoOfBlocks = 8;
int SizeOfBlock = 1024;
int PartitionAddress = 0x10000;

/* 创建 RTOS 定义类型的指针变量 */
RTOS_MEM MachineryLog;
/* 定义内存分区及其大小 */
int MachineryLogPartition [NoOfBlocks][SizeOfBlock];
{
    MachineryLog = RTOS_CreateMemBlock (MachineryLogPartition, NoOfBlocks,
    SizeOfBlock, PartitionAddress);
}
/* ======================================= */
```

现在，要从分区获取一个块，见代码清单 6.2。

代码清单 6.2

```
/* ========== 获取内存块 ==================== */
char * MachineryData;
MachineryData = RTOS_MemGet (MachineryLog);
/* ======================================= */
```

分配内存之后，变量 MachineryLog 指向分区中第二个块的开始。当前分配计数保存在内存控制块中。

尽管有从分区中"移除"块的概念，但在物理层面上却是不同的。"获取"这个块(从地址 0x1000 开始的 1KB 内存空间)的结果是应用软件可以访问它。也就是说，现在可以使用指针 MachineryData 向它写入和读取数据。

最后，当不再需要内存块时，必须将它返回其分区，如代码清单 6.3 所示。

代码清单 6.3

```
/* ========== 回收内存块 ==================== */
RTOS_MemPut (MachineryLog, MachineryData);
/* ======================================= */
```

6.5　内存管理和固态驱动器

固态驱动器主要有两大类。首先是可移动存储设备，如 U 盘和安全数码(SD)卡。然后是固定存储设备，如大型基于 Flash 的存储设备。事实上，许多系统使用 Flash 来模拟机械磁盘，即固态驱动器，其结构如图 6.15 所示。

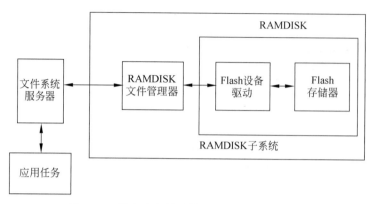

图 6.15 嵌入式文件系统——RAMDISK 存储

它通常作为完整嵌入式文件系统结构中的子系统提供。在这里,应用程序任务通过文件系统服务器连接到各个存储子系统(例如硬盘、软盘、PCMCIA 设备)。每个子系统都有自己独立的文件管理器,从而有效地成为一个"插件"组件。编写应用程序的程序员不需要知道所用的存储类型,标准 API 能让存储变得透明。关于这个话题,后面会有更多的介绍。

最后,要小心使用 Flash,就像 EEPROM 一样,它会因写操作而导致磨损。当它被用作"读为主"的内存时,可能不是一个问题。然而,在 RAMDISK 应用程序中,写操作更为普遍,磨损是一个现实的问题。

因此,文件管理器经常使用特殊的技术让这种影响降到最低(注意:是最低限度,而不是消除)。所采取的方法通常是双管齐下:将磨损均衡分散在存储设备各位置以及提供备用(保留)的存储空间。

第一种方法叫作磨损均衡。它的工作原理是不使用固定的位置存储数据,而是每次重写数据项时都将其存储在新位置。平均而言,这减少了在每个单独的存储位置上执行的重写操作的次数。更复杂的磨损均衡技术也会移动内存中那些内容不会变的静态数据块,腾出的空间可以用于重写操作。

第二种方法称为坏块管理。要使用它,必须在磁盘上提供备用容量,例如,32GB 大小的磁盘实际上可能是 35GB。在这种方法中,检查所有磁盘块访问是否存在错误。如果检测到错误,则将这些块标记为坏块,然后使用备用块替换。

请注意,这些特性很多也用于可移动存储设备。

6.6 回顾

通过本章的学习,应该能够达到以下目标。

- 了解为什么在嵌入式系统中使用易失性和非易失性数据存储。
- 知道用于易失性和非易失性数据存储的设备。
- 了解 OTPROM、EPROM、EEPROM、Flash、SRAM 和 DRAM 设备。

- 明白各种存储设备在成本、速度、功耗和可靠性方面的特性和优缺点。
- 认识到嵌入式系统中存储设备的管理和使用方式。
- 了解 RTOS 元素与内存使用的关系。
- 理解为什么会出现任务干扰,以及如何使用 MPU 和 MMU 来防止此类干扰。
- 清楚静态和动态内存分配技术之间的区别。
- 意识到动态内存分配可能会导致内存碎片和内存泄漏。
- 清楚安全内存分配策略如何防止内存碎片和内存泄漏。
- 理解安全内存分配的原则和如何实践。
- 了解什么是固态驱动器,以及如何管理此类存储。

第 7 章

多处理器系统

本章目标

- 解释为什么要选择多个处理器。
- 描述可以实现多处理器系统的计算机硬件。
- 描述多核和多处理器系统的结构。
- 展示在嵌入式多处理器系统上软件划区的实战方法。
- 讨论如何将软件分配给处理器。
- 说明控制软件执行的方法。
- 阐述同构和异构多处理器系统的原理和应用。
- 说明使用同构多处理器技术的问题。

7.1 什么是嵌入式多处理器

7.1.1 为什么要用多处理器

假如你已经开发并上市了一个非常成功的基于 RTOS 的产品,这个产品的处理器在目前阶段可以胜任产品的需求,而且还有一部分空闲的处理能力和存储空间,这样非常好。然而随着时间的推移,需求将会变化(这在实际项目中很常见),而且这样的需求变化很可能会导致处理器负荷的增加。当然,如果你有足够的备用的处理器能力储备,这不是问题,但是当这样的变化会对系统性能产生影响时,你会做什么?

通常会首先(计划 A)考虑在软件上优化代码以加快运行的速度,比如如果有必要,使用汇编语言替代高级语言。如果这样的方法不能奏效,则考虑转向 B 计划,提高处理器速度,或者将软件算法搬到硬件上执行(比如使用协处理器或者 FPGA)。然而,当这些方法都无法解决问题的时候,还有其他方法吗?现实情况若必须使用更多的处理器能力,则只能通过重新设计硬件来实现。现在是时候考虑使用多个处理器,而不是单个高性能处理器的解决方案了。当然,如果正要开始一个全新的设计,这个问题应该一开始就思考并解决。

7.1.2　处理器架构概述

嵌入式多处理器系统大致可以分为物理集中和物理分散(更准确地说是分布式)系统,集中和分布式系统的计算架构的差异很大。当高性能是最重要的需求时,集中式是最好的解决方案。

本章将重点关注高性能集中式系统的硬件实现,图7.1展示了一个典型嵌入式多处理器系统架构。

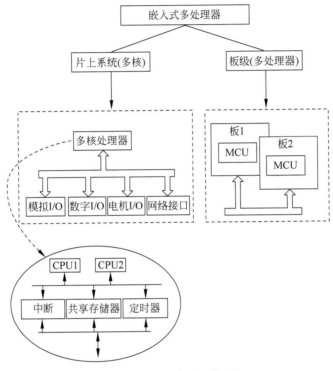

图 7.1　嵌入式多处理器系统

嵌入式多处理器系统分为基于芯片的设计(多核芯片)和基于板级的设计(多处理器计算系统),比如多核芯片含有至少两个 CPU,并共同包含一些关键器件(如中断管理、存储和定时器),这样的处理器嵌入一颗芯片的 MCU 中,这颗 MCU 还包含各种实际应用器件。相反,多处理器计算系统包含一系列单板,每块单板上含有一颗 MCU/MPU。这些 MCU/MPU 的类型不一定相同,比如第一块板子上是一颗典型的 ARM Cortex CPU,第二块板子上则是一颗 DSP 芯片(或者也可能是一颗多核芯片)。超高性能计算机可以使用多处理器架构构建,这样的架构非常适合于要求苛刻的指挥和控制系统应用。此外,板级设计具有支持处理器冗余的优势,这是关键系统的一个特征。

7.1.3　多核处理器——同构和异构类型

从硬件的视角看,多处理器有同构和异构两种形式。简单来讲,在一个同构多处理器设计中,每个处理器单元都是一样的,而异构的多处理器单元是不同的。

ARM Cortex A9 就是一个嵌入式多核同构多处理器,图 7.2 简单地展示了这个处理器的主要功能。

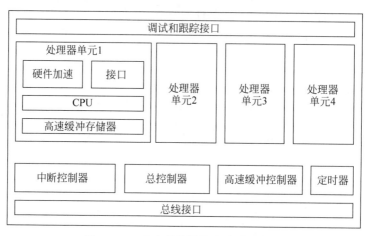

图 7.2 一个多核的同构多处理器案例

这个范例系统中有四个处理器单元(核),每个单元含有 CPU、硬件加速、调试接口和高速缓冲存储器,可以看到几个处理器单元共享的片上资源。从软件的视角看,这样的系统有两种使用方式:一种方式是每个处理器核被指定给特定的任务,每个核就被视为"专用资源";第二种方式是任何一个处理器核都可以运行任何任务,每个核被视为"匿名资源"。

一个异构多核多处理器的范例是 TI TMS320DM6443,见图 7.3。

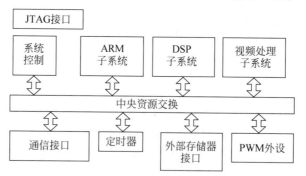

图 7.3 一个多核的异构多处理器案例

在这样的处理器芯片中有两个不同的处理单元,一个是通用计算单元,另一个是数字信号处理单元。

一般情况下,多核处理器是一个单板计算机的组件,这样的处理器芯片可能就是一个单板计算机的核心部分,或者也可能是多处理机系统(多板)中一个处理单元。无论是哪一种,都可以将这样的多核处理器芯片视为一个高性能单核芯片,它与下面多板的多机系统结构完全不同。

7.1.4　多机系统结构

嵌入式多机系统有松耦合和紧耦合两种形式,见图7.4。多数情况下,每一个计算机都是设计成单板计算单元,这块单板上安放了全部硬件芯片。一般情况下,这样的单板机是安装在某种电气标准的机架上,单板机的电气信号是通过机架上背板总线或者单板间的串行信号链路互联的(比如I^2C)。

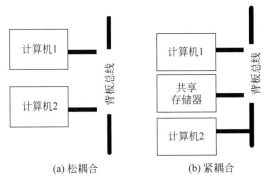

图7.4　多机系统的基本结构

在松耦合系统中,计算机之间的通信是通过消息传输技术进行的,这样的好处是每一个技术单元不需要彼此过多地相互了解,彼此间的依赖最少。这种技术可更方便地构建、配置和修改一个多机系统。缺点是单板计算机之间通信时间会比较长(需要累计协议的处理和数据传输时间),这样性能就成为松耦合系统的瓶颈,解决这个问题的方式是采用紧耦合设计方法。

在紧耦合多机系统中,计算机间的通信使用共享存储器,这消除了对协议处理的需要,只是系统中要有某种形式的访问控制机制。从设计的角度看,这样的系统很类似于分布式任务结构,任务间的通信通过标志和邮箱等机制进行。在这样的多机系统上,通信任务位于不同的处理器上,任务间共同的通信部件位于共享存储器上。

请注意,以上的讨论只是简要分析,但对于本书嵌入式实时操作系统主题而言足够了。

7.2　软件问题——作业的划分和分配

7.2.1　介绍

当设计和实现一个应用软件的时候,需要做以下三件重要的事情。
(1) 如何划分软件——划分问题。
(2) 开发的软件驻留在哪里——分配问题。
(3) 软件的执行如何控制——调度问题。
先讨论一下软件的划分和分配问题,后面再讨论调度问题。

7.2.2　将软件构建为一组功能

本书第1章讨论了划分的基本思想,即将系统架构分解为一组并发的子系统或者功能。简单起见,称为功能架构(请不要与传统软件功能的分解混淆),让我们看一个氧气生产工厂的例子,见图7.5,请注意:这是一个独立于目标硬件的抽象模型。

下面要做的事情就是和上面的模型一样,对整个软件进行划分,接下来开发和设计代码模型。图7.6展示了一个实际硬件系统的实现方案,在这个方案中,每一个主要的子功能运

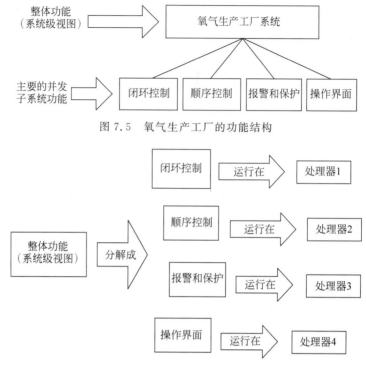

图 7.5 氧气生产工厂的功能结构

图 7.6 氧气生产工厂 软件到多处理器的分配

行在自己的处理器上。方案不是唯一的,但有以下两个最佳候选者。

(1) 一个四核的多核 SoC 处理器。

(2) 一个四块单板机的多机系统。

从上面的方案可以看出,软件的划分与硬件密切相关,同时接口的需求定义在选择哪种硬件方案中起到重要的作用。遗憾的是,面对这样的挑战,没有一本现成的选型指南,完全要靠你的智力和软件经验来解决问题。

现在看一个异构多处理器实现解决方案,见图 7.7。这里电控部分具备控制和识别两个主要功能,传统的处理器可以轻松地完成控制过程,但是识别过程将是一个问题。原因是识别的工作涉及大量数学运算,因此系统对算力的要求很高。这样的软件适合运行在一个

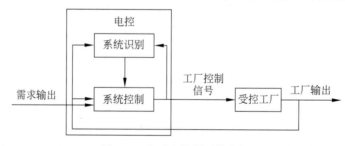

图 7.7 自适应控制系统实例

数字信号处理器上,见图 7.8。这样看,选择一个异构多处理器系统结构是一个明智的选择,一个候选方案就是如图 7.3 所示的异构多核处理器芯片。

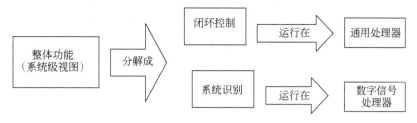

图 7.8　自适应控制系统——软件到处理器的分配

功能结构是并发软件设计的基础,它支持设计师使用简单的"分而治之"策略来处理系统的复杂性,这样的方法提供了系统耦合和内聚的清晰视图。但是请注意,在某些情况下,比如在数据密集型系统中,该方法可能无法为基于多处理器的设计提供最佳性能。

7.2.3　将软件构建为一组数据处理的操作

视频和音频系统、图像处理系统、雷达和声呐系统、模式识别系统有什么共同点?

简单讲,它们都是信号处理系统,必须工作在实时模式。这些工作的计算负荷是非常高的,通常一个单独的 DSP 处理器无法胜任。我们不得不寻求多处理器解决方案,或者多核、多计算机解决方案。然而在这种情况下,功能架构并不是最佳解决方案,基于数据处理架构的模型则可以很好地映射到多处理器硬件上,看一个简单的信号处理算法:

$$y = F_0(x_0) + F_1(x_1) + F_2(x_2)$$

这里 y 是当前的输出,x_0 是当前采样的输入,x_1 是以前的采样输入,F 值代表相关的数学运算。为了简单起见,这里仅限于三个数据样本,提供三个并行数据流,在图 7.9 中以图解方式表示出来。

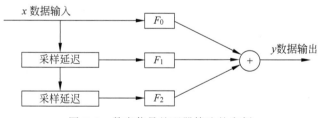

图 7.9　数字信号处理器算法的实例

软件处理的等效框图如图 7.10 所示,图 7.11 详述了这些处理过程映射到硬件的细节。在这个案例中,目标系统是一个同构的多核处理器结构,该处理器运行四个并发的软件单元。

讨论到这里,需要暂时从处理器架构这个主话题离开,讨论一下任务和线程的定义。简单起见,可将任务和线程理解为同义词,大家知道在软件这个日新月异的世界里,术语经常被混淆,在现实中,任务和线程不一定有相同的含义。在这里,定义线程等于一个"轻量级"任务。这意味着,线程是一个并发的上下文切换开销最小的单元,所以,图 7.10 中的程序实

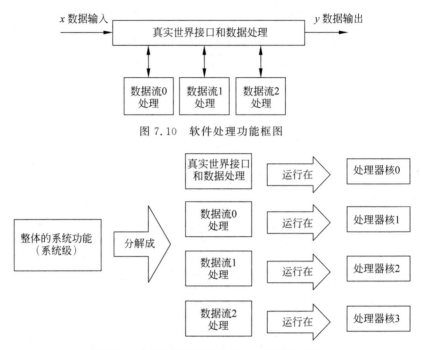

图 7.10　软件处理功能框图

图 7.11　给处理器分配软件——DSP 的实例

现可视为四线程。

目前软件架构可以非常完美地映射到指定的硬件架构上,但如果方案不完美,事情还会如此顺利吗? 比如,还是上面的四核处理器,如果要实现下面的算法呢?

$$y = F_0(x_0) + F_1(x_1) + F_2(x_2) + F_3(x_3) + F_4(x_4) + F_5(x_5) + F_6(x_6)$$

首先,分区方面是明确的,最自然的方式是 8 个任务:7 个数据处理任务和 1 个交互任务。对照上面的方案,将每个任务一对一分配给每一个处理器核的计划在这里无法实现,因为这次有 8 个软件任务,却只有 4 个硬件处理器核。为了解决这个问题,必须同时用并行和串行方式安排任务的运行。当然,可以在设计时就考虑好如何将任务分配给处理器核,但这会是系统资源的最佳使用方式吗? 尤其要考虑,这种方式可以获得最佳性能吗? 更好的解决方案是由一个操作系统在运行时决定任务和处理器核间的映射关系,这种方法是对称多处理器的基础,后面还有更多的介绍。

如果自己的设计无法像上面讨论的那样,很轻松地将任务映射到处理器核上,请不要惊奇,因为这的确不是依靠人工方式能很好地解决的问题。

7.3　软件控制和执行的问题

7.3.1　基本的操作系统问题

7.2 节的例子说明了软件分配的两个关键点。

（1）如果需要指定软件单元运行在特定处理器上，那么需要使用一个非对称的多处理器系统。

（2）如果每一个软件单元可以运行在任何一个处理器（处理器核或者计算机）上，那么需要使用一个对称的多处理器系统。注意，这里的软件单元的功能可以不同。

图7.12给出了一个多处理器系统任务和线程分配的概览。

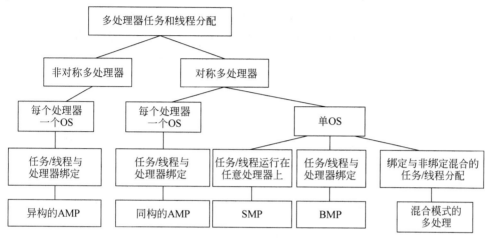

图7.12 多处理器任务/线程的分配

非对称多处理器系统的操作系统和调度问题通常并不复杂，每一个处理器都有自己的执行程序（或者是一个全功能的RTOS），适合规划好的作业任务。比如，TMS320DM6443可以在它的ARM处理器核上运行Linux OS，在DSP处理器核上运行TI的实时内核。这种操作模式通常称为非对称多处理器（AMP），因为操作系统不同，有时它被描述为异构AMP。

【译者注】 这里的实时内核是TI-RTOS。

对称多处理器方案就复杂多了，必须考虑两种不同的操作模式。

（1）每一个处理器运行自己的操作系统，任务/线程也与处理器进行绑定，这种模式也称为同构的AMP。

（2）一种操作系统用来控制所有的操作，在这种模式下有三个子模式：子模式1，任何任务/线程均可在任意一个处理器运行，即同构的多处理器模式（SMP）；子模式2，任务/线程与指定的处理器绑定，这种模式也称为混合SMP、绑定多处理器（BMP）或者单处理器模式，注意这些都不是标准的说法；子模式3，SMP与BMP的混合，称为混合模式处理。

支持SMP和BMP模式的操作系统可以在任意的处理器上运行，并不需要绑定到一个处理器上。还有一些设计可以支持操作系统在运行时切换到不同的处理器上。

通常，多处理器操作系统可以支持系统运行在混合模式上，即一些处理器核是BMP模式，另一些是SMP模式。

通常讨论的AMP既包括异构也包括同构，硬件的结构可以很清楚地说明它们是哪种类型。

请注意,以上讨论的这些功能原理上适用于多核处理器芯片,但细节层面上更确切的信息,请联系芯片的供应商。

7.3.2 AMP 系统的调度和执行

AMP 系统的行为更像是一组相互协调的微计算机,它们共享一组预定义好的资源,比如存储器、中断和外设。因为每一个微型计算机都有自己的操作系统,所以该操作系统的设计者并不受限于单一的调度技术(这在多核和多处理器系统中也一样)。以一个双核为例,核 1 可以执行一个基于优先级可抢占的调度策略,而核 2 则使用时间片轮询的调度策略(实践中这样的选择与操作系统是相关的)。系统软件通常提供应用级的通信、同步和互斥功能。

设计者通常决定各种资源的分配和使用,这样的信息需要明确地写入源代码,并且在处理器初始化时就设置好。通常程序执行的过程中,嵌入式应用是不对资源进行动态分配的。

AMP 系统在不牺牲单核 RTOS 系统的确定性、可预测性和安全性前提下,给我们一个提高系统性能的可能,这对于关键的硬实时系统尤为重要。此外,将现有的单处理器设计移植到一个 AMP 系统并不复杂。但事实上,每个处理器有专门的任务,这意味着每个处理器负载(利用率)在实践中可能完全不同,这也限制了 AMP 设计可提升性能的优势,要想让系统具备非常高的利用率,需要走其他的途径。

7.3.3 SMP 系统的调度和执行

SMP 系统设计的目的是提高系统性能。为了实现这个目标,应尽可能充分利用所有处理器(负载均衡)。

以下几方面比较关键。

(1) 只有一个 OS。

(2) 这个 OS 可以管理整个系统。

(3) 这个 OS 可以动态控制任务/线程到处理器的分配。

(4) 允许 OS 分配和控制系统资源。

此外,这个方法也让开发者不需要考虑系统低阶编程的细节,转而把精力集中在应用本身。

为了演示这个观点,假设开发者的算法如下:

$$y = F_0(x_0) + F_1(x_1) + F_2(x_2) + F_3(x_3)$$

这是一个 4 核的处理器系统,使用 Pthread 编程,这里将专注问题的一部分,即建立 4 个线程,执行各个线程的代码,并同步所有的线程。

首先,每个线程将执行一次乘法,线程同步之后,y 值将被计算一次。清楚起见,编写 4 个函数完成这个任务,代码如下面所示。从代码里可以看出,开发者并不参与决定线程在哪个处理器运行,而是由操作系统软件根据当时运行时的负载决定。代码的可移植性非常好,下面的代码也可以运行在一个双核的处理器上。此外,实现技术的灵活性也是一个优势,同样的设计方法也可以用在一个 8 线程滤波器设计的实现上。

```
void * ComputeF0X0(void * arg)
{
    函数代码
}
void * ComputeF1X1(void * arg)
{
    函数代码
}
剩余两个函数的定义

/* 线程声明 */
pthread_t thread0, thread1, thread2, thread3;
/* 创建线程并执行代码 */
pthread_create (&thread0,NULL,ComputeF0X0,&Thread0Data);
pthread_create (&thread1,NULL,ComputeF1X1,&Thread1Data);
pthread_create (&thread2,NULL,ComputeF2X2,&Thread2Data);
pthread_create (&thread3,NULL,ComputeF3X3,&Thread3Data);
/* 等待所有的线程执行完,线程同步 */
pthread_join (&thread0,NULL)
pthread_join (&thread1,NULL);
pthread_join (&thread2,NULL);
pthread_join (&thread3,NULL);
/* 到了这里,所有的线程已经完成了它们的工作. */
```

这里有一个经典的解决方案,它可以完成一组本质上独立运行并重复计算的任务。在这种情况下,线程运行在哪个内核上并不重要。从功能角度看,两次运行之间是否存在运行时执行时间的差异也不重要,多核处理器的合作确保了任务的执行时间在预期安排之内,这样在信号处理应用上,多核设计方案的优势明显。但是,针对更广泛的嵌入式应用,SMP 应用并不是最佳的解决方案,这是因为:

(1) 通常情况,即使使用了优先级可抢占的调度器,SMP 应用也无法预测每一个线程的执行顺序。如果执行顺序是关键要素(比如需要协调的任务),代码设计的时候需要明确保证这样的执行顺序。

(2) SMP 应用无法预测进程在哪个核上运行。当软件完美无瑕的时候,这当然不是的问题;但当软件有 Bug 的时候,问题就来了(译者注:因为需要判断是在哪个处理器上出现的 Bug)。

(3) 某些进程可能无法保证其实时行为。比如在一个单处理器的系统中,高优先级的中断服务程序(ISR)总是可以抢占正常调度的线程,这样可以确保两者之间不发生冲突;然而在一个多核系统中,ISR 可能在一个核上执行,同时另外一个核继续运行正在调度的线程。

（4）这些因素汇集起来,成为将一个现存的单处理器系统移植到多处理器系统时必须考虑的要点,单处理器系统中的同步、协调和排除特性可能无法保持。

这也将我们引入下一个重要的话题——绑定多处理系统。

7.3.4　BMP 和混合系统的调度和执行

前面讨论过 BMP 模式,在 BMP 模式中可以指定任务/线程在哪个处理器上运行,这种方法让系统行为变得高度可预测,对于关键系统这一点是极大的优势。缺点是,这是一种僵化的方法,限制了处理器系统整体的性能。将 SMP 和 BMP 技术组合起来,可以获得两种方法各自的优势,即灵活性、高性能和可预测。

通过混合模式方式,能让任务按需在某个处理器上运行。这里"需"是指,如果强调系统的性能、可靠性和稳健性,BMP 模式是最好的选择,这种情况适合硬实时任务,而软实时任务可以运行在 SMP 模式上,让系统发挥处理器计算的能力。图 7.13 是一个范例,这里的自动驾驶(autopilot)和自动降落(autoland)任务只能在指定的核运行,其他 4 个任务可以动态地由调度安排在核 2 和核 3 上运行,这些软实时的任务无法使用核 0 和核 1,即使它们处在空闲状态。

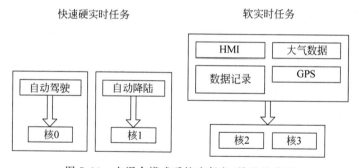

图 7.13　在混合模式系统中任务/线程的分配

7.3.5　多处理器模式间的比较

如果高性能是主要需要的应用场景,SMP 模式似乎是最佳解决方案。但是简单地将一个单处理器软件移植到多处理器平台上,可能无法很好地完成任务。程序需要重新编写才能适应并行计算的环境,毫无疑问,计算密集的应用适合 SMP 模式的系统。

AMP 模式的特性前面已经讨论了,该方法可以广泛适应实时嵌入式系统,它将性能提升与可靠性完美匹配到一起。为单处理器编写的程序可以很好地移植到多处理器,开发者不需要担心太多(当然,假设这些程序在一开始就设计得很好)。

混合模式处理器看起来是 SMP 和 BMP 之间的一个平衡,这样的实现多半适用于复杂的嵌入式系统应用。

最后一点,如果没有很好的工具支持,开发这样的多处理器软件不是件容易的事情。

7.4　回顾

通过本章的学习，应该能够达到以下目标。

- 了解使用多处理器替代单处理器的原因。
- 了解多核和多处理器芯片的结构。
- 理解什么是对称多处理器、对称多处理计算，以及非对称多处理器和非对称多处理计算。
- 了解实时系统软件是如何划分和分配的。
- 理解什么是 AMP、SMP、BMP 以及混合模式系统，它们的优缺点和适合的应用场景。

第8章　分布式系统

本章目标

- 展示如何解决分布式计算机中的软件结构问题。
- 概述分布式系统的通信和时序问题。
- 阐述实时嵌入式分布式系统中软件映射到硬件的决定因素。

8.1　分布式系统的软件结构

第7章研究了在多处理器系统中分配系统软件所带来的一系列问题,本章将以物理意义上的分布式系统为背景对该课题进行拓展。不要以为我们只是希望早一点开始开发工作,因为嵌入式应用中软件的设计很难独立于系统设计而开展。稍后将看到系统的因素是如何影响软件决策的,现在先确定嵌入式分布式系统的关键思想。

先从现实的问题开始,图 8.1(a)所示为计算机控制系统的开发(船用推进器系统的简化版本)。在这里,一个单一的推进发动机(燃气轮机-GT)通过一个变速箱驱动两个推进器螺轴。控制器的作用是控制三个部件:GT 的燃油流量、左右推进器以及推进器螺距。它们的设计是为了响应舰桥发出的命令,并使用了图 8.1(b)中的参数配置文件。

最初方案是一个单一、集中的计算机控制系统(顺着这个方案走下去思路很清晰)。在研究之后,一个多任务(7 个任务)设计方案产生了,如图 8.2 所示。简单起见,通信组件从任务图中去掉了。

经过进一步研究,我们发现:一个分布式网络系统对于解决这个问题是一个更好的方案,如图 8.3 所示。

虽然很明显,但我还是强调一下,无论是集中还是分布式的控制系统,从一个推进系统的角度来看,两个解决方案的功能、行为和性能应该相同。回顾之前的设计工作可以得出这样的结论:图 8.2 的整体软件结构是一个最佳方案。这个方案不仅可以完成推进系统任务,而且是考虑到所有因素的最佳解决方案。现在可以将其视为一个抽象软件模型,该模型必须分布在整个系统之中。

分布式任务模型如图 8.4 所示,目前讨论的是抽象模型中的任务。

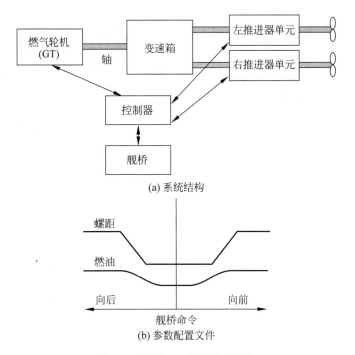

图 8.1 示例——舰船推进系统

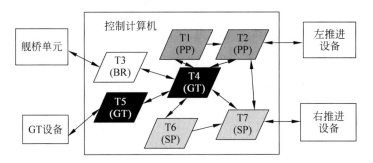

图 8.2 集中控制——简化的任务结构

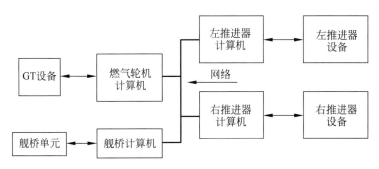

图 8.3 分布式控制——计算机结构

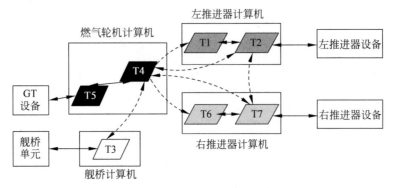

图 8.4 分布式系统——任务分配

需要在新的设计中保持图 8.1 任务间的通信机制,现在的问题是这样的通信需要跨越不同的计算机(见图 8.4)。因为系统是分布式系统,所以需要提供下面的功能支持。

(1) 网络的消息处理(物理和协议层面)。

(2) 跨越网络的消息路由。

(3) 每个计算机内的消息路由。

(4) 计算机运行的协调和时序安排。

8.2 分布式系统的通信和时序问题

有一系列方法可以解决分布式系统的通信和时序问题,这里给出的方案是非常实用的一种,并且这种方案已在嵌入式分布式系统中成功应用。它之所以成功,取决于以下几点。

(1) 所有处理器之间的通信都基于消息传输技术。

(2) 通信是异步的,任何同步的通信请求需在软件设计中明确(比如不包括远程的过程调用)。

(3) 强关键系统的相关的软件功能需要预配置好(不允许在运行期间动态分配)。

(4) 单独计算机中的软件应根据需要组织安排(比如多任务,中断驱动)。

(5) 如果时间是关键因素,则需要使用系统内的时间作为时钟参考(例如 GPS 时钟等)。

综合以上因素,将图 8.4 分布式系统任务模型转换成图 8.5 的具体方案设计。

这里的每一个计算机里,应用任务就如以前一样,在实时内核的控制下运行。网络接口负责消息处理部分,而网络管理模块处理消息路由。

这样的设计方案的实现可以有多种途径,比如 DIY(自己构建)解决方案,或者依赖一种操作系统的实现机制。第一种 DIY 方式很困难,而且耗时,需要具备相当的技能和知识。然而这个方法也带来了许多好处,比如整个设计方案可控和可见性很好,时序部分更容易有深入的理解。第二种方法方便快捷,为设计者屏蔽了所有底层计算机和网络细节,这种方法有一个重要特点,它提供了透明的虚拟网络的支持,即虚拟电路。基于这样的"虚拟连接"的

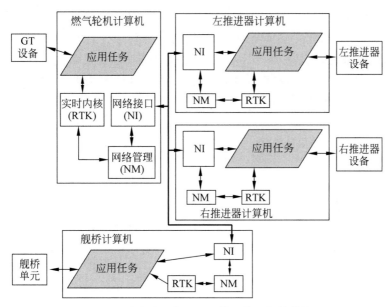

图 8.5 分布式系统——整体系统和软件结构

技术方案如图 8.6(a)所示。

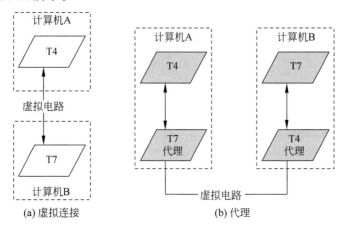

图 8.6 虚拟连接和代理

图 8.6(a)所示例子中的任务 4 和任务 7 运行在不同的计算机上,彼此之间需要通信。操作系统提供两个计算机之间的通信机制,连接通道对于开发者不可见。任务 4 若想与任务 7 对话(可视为一个远程任务),可在消息调用中包含任务 7 的表述符。所有的定位和路由细节均由操作系统的网络管理模块来处理。

另外一种方法是基于"代理"的机制,见图 8.6(b)(在面向对象设计中往往使用代理对象,而不是任务)。在这种方案中,通信系统通过简单的编程创建一个外部任务,即代理任务,比如计算机 A 任务 4 与任务 7 的代理任务对话(一个本地任务)。对任务 4 而言,这样的设计意味着任务 7 与它在同一台计算机上,可以使用标准的任务通信机制。任务 7 的代理携带了原来任务 7 的所有信息,这样它能够将任务 4 的消息转发给任务 7。同样的设计可以应用在计算机 B 上,当然必须要创建一个任务 4 的代理。

对于大型系统来说,这是一种非常强大的技术,能带来巨大的价值。借助于标准的中间件构建一个代理和虚拟电路的实现过程并不复杂,不过这种方法无法看到在运行时发生了什么,因此很难保证时序性能。此外,系统在故障条件下的行为或许是不可预测的(尤其从时间的角度来看)。

以上讨论的示例虽然很简单,但涉及了在设计分布式系统中所要遇到的难点,而且强调了分布式系统设计的重点——系统和软件设计,而不仅仅是任务调度。

8.3 将软件映射到分布式系统的硬件上

经验丰富的设计师都知道,任何系统的设计方案都不是唯一的。现实是这样的,有一些好的技术和一系列并不完美的解决方案,而且不同的应用需要不同的处理方法。所以,在这里将讨论限制在狭义的嵌入式实时分布式系统范围当中,并偏重机电一体化的应用。这种系统成功的设计路径是这样的:

(1)定义系统设计架构。

(2)开发一个可以满足所有功能和时序要求的软件模型。

(3)跨系统按处理器对软件进行分配。

(4)为每一个处理器设计网络和多任务软件。

(5)检查设计是否满足需求,如果没有,从头再来。

说起来容易做起来难,但上面是系统设计的一条路径,按照这样的路径,分布式系统设计才能顺利完成。

在理想的情况下,任务分配决策只是基于软件的考虑。但是,针对嵌入式实时系统,这样做的结果常常是现实与理想之间出现矛盾,因为这不仅仅是软件的问题,还有物理组织问题、安全问题、架构问题等因素需要考虑。

通常,这些因素比软件具有更大的权重,它们对系统结构和处理器组织影响颇大。而且,这些因素不一定是独立的,需要先在一个单处理器系统中将这些问题调整好。

1．物理组织

许多实时系统是由一组彼此独立的物理单元组成,这些单元在地理上是分散的。这些物理单元可能是很大的系统,也可能是很小的设备,比如石油钻井平台上的监控和数据采集(SCADA)、公共服务的控制和监控系统(水、电和气等)、建筑的环境控制系统、智能家居的监控系统、车辆的远程控制、机器人系统。这些系统有一个共同的特点,即它们使用了智能装置,比如电机、执行器和传感器等,这些装置与现实世界交互动作。未来的智能系统中需求最多的是无人驾驶汽车,比如应用在仓储的物流系统中。

这样的系统要求软件运行在本地设备上,而且处理器数量和位置由系统决定,而不是软件决定。

2. 安全

当安全进入设计流程时,有两个重要的问题需要解决——出现安全问题时谁负责处理这个问题,以及在哪里处理这个问题。对于我们,这意味着哪个软件模块可以解决这个问题,这个软件位于哪个处理器上。

答案将在设计中产生,取决于两个主要因素:①计算机系统的物理结构——单处理器、集中的多处理器还是分布式处理器;②系统的安全关键等级。

对于分布式系统,最安全、最可靠的方法是将与安全相关的软件本地化,也就是说,使设备尽可能自主控制。这样的决定是基于两点是最重要的因素:①通信系统故障的后果;②系统对于故障的响应时间。

当进入一个高度安全的关键系统应用领域的时候,事情会变得异常复杂。这里冗余组件是必不可少的,不仅包括计算机,还有传感器、执行器和显示器。三余度很常见,某些高级别的安全系统采用四余度。此外为保证安全,不仅需要冗余计算机,采用的处理器类型、编程语言以及开发团队合作也非常重要。

3. 软件架构的问题

我们先来看看联邦系统(federated systems)与高度集成的系统(highly integrated systems)之间的区别,见图8.7和图8.8,这两个物理分布式系统的功能和物理结构几乎相同。

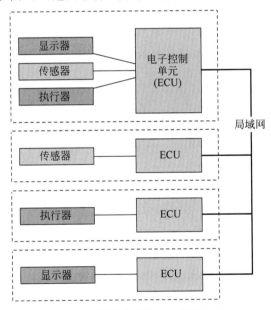

图8.7 模块化系统——联邦结构

借助于联邦结构,我们拥有一组独立的、相互作用的、协作的模块化单元。这样的设计方法,适合不同的公司开发不同的电子模块的应用场景。在这样的场景中,软件设计细节体现在不同的模块里面,因此在系统层面,该方法的关键因素不是软件设计本身。该方法的设计重点是确保各单元组合在一起能够正常工作,也就是说,需要确定各单元功能、时序和接

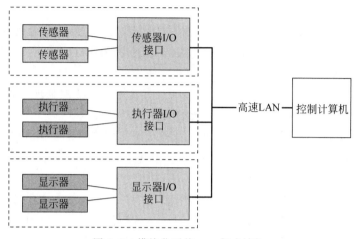

图 8.8　模块化系统——集成结构

口要求。

在集成的结构中,每一个电子模块的作用是有限的,主要是数据采集和控制。运行在控制计算机上的应用软件包含了一系列子系统,概念上讲这些子系统是独立的,然而在实际项目中,它们之间并没有物理上的隔离(这和联邦结构不一样)。

不难看出,这两种系统的软件架构完全不同。

8.4　回顾

通过本章的学习,应该能够达到以下目标。
- 理解为什么以及何时分布式系统的软件设计必须要使用系统方法。
- 理解为什么软件映射到硬件时候的决策非常关键。
- 了解一般情况下尽可能地进行本地决策是最佳方法。
- 理解分布式应用中,通信软件的结构和作用。
- 意识到网络软件将增加整个设计的时间开销和复杂性。
- 了解什么是虚拟网络和代理。
- 了解为什么在设计初期就需要考虑时序和性能问题。
- 理解为什么软件需求要服从系统的要求。

第 9 章

调度策略的分析

本章目标

- 概述多种调度策略和它们的关系。
- 讲解静态和动态调度策略的基础。
- 深入讨论基于优先级的静态调度方法。
- 深入讨论基于优先级的动态调度方法。
- 解释速率组的概念以及速率组是如何让性能变得更加容易预测的。

9.1 概述

之前探讨了调度和调度规则/策略的基础概念,本节的目的是介绍更多在实时系统中使用的调度策略。虽然可以用的方法很多,实际上广为采用的只有几种,在本节的后面就会知道背后的原因。首先,图 9.1 是调度策略的概览,图中所示的仅是对调度策略进行分类的其中一种方法,方法并不唯一。

简化起见,将不使用优先级的策略都称为简单方案。之前已经介绍过先入先出(FIFO)和轮询调度,现在暂缓针对合作式调度的讨论,先从基于优先级的方法开始。此类方法下分为两组:非抢占式和抢占式。抢占式组进一步分为静态和动态两个子集。这里的静态指在编译时任务优先级已经被指定,因此也被称为先验/离线调度。动态则是随着软件的运行,优先级会根据运行环境改变,这意味着系统有预先定义在线调整优先级的方法。

在离线调度中,设定任务优先级是程序员的责任,这带来了一个重要而且困难的问题:设计者如何才能得出一个适合特定应用的任务排期?一般有两种做法:第一种比较客观,通过任务的时间信息定义优先级;第二种比较主观,根据设计者的意见选择任务优先级,这也被称为启发式调度。

在深入讨论调度策略的细节前,首先回顾一下几个重要的时间概念,如图 9.2 所示。图 9.2(a)针对非周期任务展示了以下四个重要概念。

(1) 任务到达时间(Ta):任务被设为可以运行状态的时间。

(2) 任务截止时间(Td):任务必须完成的时间。

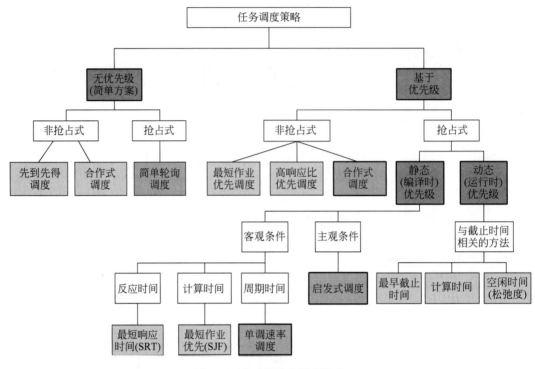

图 9.1 实时系统的调度策略

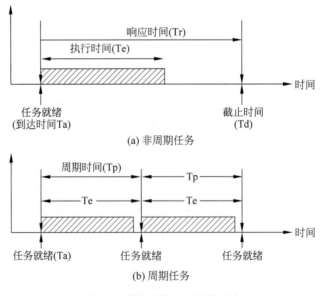

图 9.2 任务时序——基本定义

（3）响应时间（Tr）：任务可以用来运行的时间。如果以相对时间而不是绝对时间衡量任务执行周期，则任务截止时间等于响应时间。

（4）执行时间（Te）：任务的实际执行时间。

在图9.2(b)中，任务调用之间经过的时间被称为周期时间（Tp）。

最后一点，静态调度不意味着优先级固定不变，内核有可能在执行程序时改变任务的优先级。不过这样的变化一般取决于应用程序在运行时的决定，而不是操作系统自身。与之相反，在动态调度中，优先级设定一般由操作系统的规则决定，在程序执行时很可能会改变。

调度策略也可能是静态和动态方法的组合。

9.2 基于优先级的非抢占式调度策略

在这里考虑三个策略：最短作业优先（SJF）、高响应比优先调度算法（HRRN）和合作调度。在这三种策略中，无论任务的优先级有多低，执行中的任务都不会被抢占。任务会运行到完成，或者主动放弃运行。不过，任务在就绪队列中的位置由它们的优先级决定。SJF和合作调度都是静态方法，HRRN是静态和动态调度方法的组合。

1. SJF 调度

SJF基本上是基于优先级的先到先得（FCFS）调度，每个任务的优先级（P）计算公式如下：

$$P = 1/\mathrm{Te}$$

任务在就绪队列中的位置由优先级决定，优先级最高的会位于队列头。

与简单的调度方案相比，SJF一般有更好的平均响应时间，这里"平均"是关键词，实际程序执行的响应时间可能会有很大变化。当系统中混合长、短任务时还有一个问题：执行时间长的任务优先级低，短任务（高优先级）的存在会让它们的响应时间变得更长。因此，该方法作为实时系统的核心调度策略并不合适，但是可以和另一个基于优先级的方法相结合（例如运行基础级别任务）。

2. HRRN 调度

通过考虑任务在就绪队列中已经等待的时间（Tw），HRRN在SJF的基础上改进了任务响应时间。Tw被用于动态计算任务的优先级指数，一个计算方法是

$$P = (1 + \mathrm{Tw})/\mathrm{Te}$$

算式可变换为$P = 1/\mathrm{Te} + \mathrm{Tw}/\mathrm{Te}$，可以看出第一部分可以离线进行计算（静态），第二部分则必须在运行时动态计算。

该算式标准化后的优先级特征如图9.3所示，注意横轴时间是由Tw/Te标准化而来。每个任务的优先级标准化后的特征图形都是和图9.3一致的，但是实际的优先级数值取决于执行和等待的时间。

这一点在图9.4中变得非常明显。随着在就绪队列中等待的时间变长，任务优先级逐渐上升，等待时间1s时任务2的优先级和任务1的初始优先级相等。HRRN确保执行时

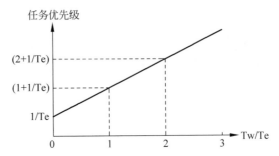

图 9.3　标准化后的 HRRN 任务优先级特征

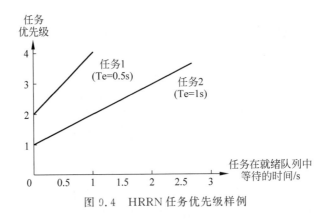

图 9.4　HRRN 任务优先级样例

间长（即初始优先级低）的任务能得到比 SJF 调度更好的响应。

　　HRRN 一般不会用于快速实时系统中，但借由它介绍了以下三个关于优先级的重要方面。

　　（1）初始任务优先级——静态调度。

　　（2）系统运行时调整优先级——动态调度。

　　（3）优先级特征。

　　后面探讨和截止时间相关的调度方法时会继续讨论它们。

3. 合作调度

　　在合作调度中，运行中的任务自身决定进行上下文切换，切换往往在程序达到特定断点时发生，运行中的任务可以：①指定下一个运行的任务；②返回调度器；③返回调度器的同时提供任务同步信息（通常是信号）。

　　只要编程语言支持协同程序（coroutine），①和②能很容易实现。在软实时系统中常能见到协同程序，在抢占式调度器中协同程序还可能用于实现子策略。当任务全部是周期任务时，使用协同程序可让系统行为变得更加容易预测，若设计中足够小心谨慎，这样的策略也适合关键系统（甚至是硬实时系统）。不过，如果编程语言没有这个支持，实现别的调度方法可能会更简单。

　　有的场景既需要高输出也需要高处理器利用率，其他的策略不能满足目标时可以使用上面的行为②。这里的要点是在上下文切换时免除存储任务信息的时间,这显然需要在编写代码时进行手动调整,并且严格注意细节。升级处理器硬件往往更能节省成本,但并不一定可行。该方法一般是最后的措施,好消息是,它确实能够大幅改善性能。

9.3　基于优先级的静态抢占调度策略——概述

在静态优先级调度中,编译时会设定任务优先级,因此确定优先级的责任落到了程序员/设计者的肩上。设定之后,运行时优先级一般不会再改变。

可以用 4 个标准来确定优先级,首先是下面 3 个客观标准。

(1) 响应时间——最短响应时间意味着最高优先级(SRT 调度)。

(2) 计算时间——最短执行时间意味着最高优先级(SJF 调度)。

(3) 周期执行时间——最短周期意味着最高优先级(单调速率调度/RMS,也称为单调速率分析/RMA)。

实际操作中设计者往往根据经验判断使用哪种任务调度方法,这一主观的启发式方法一般会考虑任务的时间特性和重要性。下面我们通过图 9.5 讨论这些方法。

任务	类型	响应时间/ms	计算时间/ms	周期/ms
1	周期性	20	10	100
2	周期性	18	15	120
3	非周期性	110-期限	5	—
4	非周期性	5-期限	2	—

图 9.5　静态优先级抢占调度——样例任务属性

任务的调度排序如图 9.6 所示。

调度策略　→	响应时间 (SRT)	计算时间 (SJF)	周期时间 (单调速率)
→	4-最高	4-最高	1-最高
任务次序 (优先级从高到低)	2	3	2
	1	1	?
	3	2	?

图 9.6　静态优先级抢占调度——样例任务调度

(1) 将响应时间转化为优先级。

在 SRT 调度中,最短的任务优先级最高,计算式为

$$P = 1/\mathrm{Tr}$$

该方法易于实现,但是在实践中它并不是那么客观。必需的响应时间往往源自主观意见,特别是在有人机交互的领域。

(2) 将计算时间转化为优先级。

该方法的核心是将最短作业优先应用到抢占模式中,也被称为最短剩余时间(SRT)调度,计算式为

$$P = 1/\mathrm{Te}$$

该方法的主要问题是无法准确地定义计算时间,特别是项目初期。

(3) 将周期时间转化为优先级。

在该方法中,频率最高(周期最短)的任务优先级最高。麻省理工学院的 Liu 和 Layland 为该方法奠定了理论基础,此方法称作"单调速率优先级分配"。在我们的例子中,任务 3 和 4 没法用简单方法确定优先级,稍后会针对这个问题进行进一步讨论。

人们一般认为单调速率调度可以提供更好的性能,多个供应商(例如 Atego)在设计环境中支持该方法。之后会单独用一节的篇幅讨论该方法。

9.4　基于优先级的静态抢占调度策略——单调速率调度

首先进行回顾,单调速率调度(或者单调速率分析——RMA)根据任务的周期设定任务的优先级:

$$P = 1/\mathrm{Tp}$$

周期最短的任务因此有最高优先级,并出现在就绪队列头,队列中下一个是周期第二短的任务,以此类推直到队尾,即队列中的任务周期单调递增。RMA 调度的核心是以下假设:

(1) 所有任务都是周期任务。

(2) 任务的截止时间和周期一致。

(3) 任务可以被抢占。

(4) 所有的任务都一样重要,重要性不计算在内。

(5) 任务互为独立。

(6) 一个任务的最坏情况下执行时间不变。

调度的根本问题是一个任务的计划是否可行,即在指定的时间内能否满足系统的需求。一个任务在高负载(高利用率)的处理器上成功的概率,很明显要比在低负载的处理器上低。在进一步讨论前需要先确定利用率(U)的具体含义,在基础 RMA 算法中 U 被定义为用于执行任务的处理器时间的百分比,如图 9.7 所示。图中任务 1 的执行时间为 30ms,周期为 100ms;任务 2 的执行时间为 20ms,周期为 200ms。相关的利用率如下。

(1) 只调度任务 1:$U = 0.3$。

(2) 只调度任务 2:$U = 0.1$。

(3) 两个任务一起调度:$U = 0.4$。

还需要定义什么是处理器的充分利用,你可能认为这意味着处理器一直在执行软件,没有任何空闲(即 $U = 1.0$),在 RMA 中并不是如此。RMA 定义了非常具体的条件:当一个任务计划是可行的,而且任何执行时间的增加都会导致计划的失败。比如,只将 80% 的处理器时间用于执行任务,但只要试图填充处理器的空闲时间,就会有任务错过截止时间。

即使一个处理器上有一个固定的任务集,且所有任务的总计算时间是固定的,充分利用

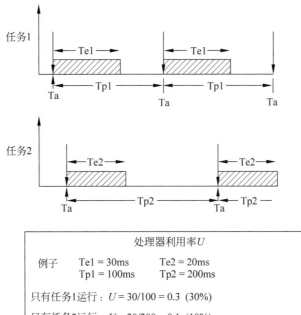

图 9.7 单调速率分析——处理器利用率的定义

率也不会是一个固定的数字,而是取决于个别任务的时间特性和激活时间。Liu 和 Layland 证明了 n 个任务最低的利用率为

$$U = n(2^{1/n} - 1)$$

随着 n 的增加,U 的数值降低,最终当 n 为正无穷时,U 为 0.693,意味着如果超过 69.3% 的处理器时间被用于执行任务,就可能无法在截止时间内完成(无法保证任务计划的可行性)。换言之,只要处理器利用率不超过 0.693,任务集一定是可以通过 RMA 调度的。

在实时系统中 RMA 调度有三个主要缺陷:不支持非周期任务;必须假设任务截止时间和周期是一致的;必须假设任务互为独立。下面逐个分析这三点。

1)非周期任务

处理非周期任务的方式有两种。第一,通过轮询将它们转化为周期任务。第二,准备好计算资源,以便在预先定义的周期内处理随机到达的非周期任务,这也被称为"非周期服务器"。

再次使用图 9.5 中的例子,并将所有任务都修改为周期任务,如图 9.8 所示。

本例假设任务 3 最坏情况每 150ms 会准备就绪一次,将该时间间隔设定为周期时间。任务 4 的周期则被设定为 250ms。

任务	类型	响应时间/ms	计算时间/ms	周期/ms
1	周期任务	20	10	100
2	周期任务	18	15	120
3	"周期"任务	110	5	**150**
4	"周期"任务	5	2	**250**

图 9.8 单调速率分析——样例任务属性

当然,还需要确定非周期任务的优先级,最简单的方式是使用间隔时间,如图 9.9 第 1 列所示。如果在 t_0 时刻将全部任务设定为就绪,任务 3 在 (t_0+30) ms 时会完成,远早于截止时间,任务 4 在 (t_0+32) ms 时才会完成,比截止时间晚很多。可以通过改变定义非周期任务的周期的方法来改善该状况:将任务响应时间(或者截止时间,在这里是一个意思)作为周期,见图 9.9 第 2 列。虽然任务 4 每 5ms 就会激活一次,但是调度计划是可行的。不过,频繁的任务激活导致处理器利用率激增;这样的方法也时常会导致不可行的调度计划。

为了克服这个缺陷,截止时间单调调度策略应运而生,见图 9.9 第 3 列。在该策略中,非周期任务的周期时间根据任务间隔时间而定,优先级则取决于截止时间(对于周期任务而言周期和截止时间是一样的)。其结果是,任务 4 每 250ms 会激活一次,但一旦激活就会是最高优先级,保证任务在运行中不被抢占。

1 周期任务: **周期由间隔时间**决定 **优先级由周期**决定		2 非周期任务: **周期由响应时间**决定 **优先级由周期**决定		3 非周期任务: **周期由间隔时间**决定 **优先级由截止时间**决定	
任务 → 周期	任务优先级	任务 → 周期	任务优先级	任务 → 周期	任务优先级
T1 → 100ms	1	T1 → 100ms	2	T1 → 100ms	2
T2 → 120ms	2	T2 → 120ms	4	T2 → 120ms	4
T3 → 150ms	3	T3 → 110ms (Td=110ms)	3	T3 → 150ms (Td=110ms)	3
T4 → 250ms	4	T4 → 5ms (Td=5ms)	1	T4 → 250ms (Td=5ms)	1

图 9.9 单调速率分析——处理非周期任务

用轮询处理随机输入有几个缺点。

- 开销过高——无论有没有事件轮询都会发生。
- 数据陈旧——事件发生到软件识别到事件之间,数据可能已经失效。
- 信号间的时间偏移——同时到达的事件信号的时间戳可能会因为轮询而相差很多。

周期服务器不会进行轮询,它在调度计划中规划了用于处理随机输入的时间。一个方法是在预先定义好的时隙中处理非周期任务,一个时隙用完之后必须要等到下一个时隙才能处理非周期任务。

2）任务截止时间和周期不一致

在实践中，一个任务的执行时间往往不是恒定的，许多因素会导致执行时间变化，例如条件式行为、任务同步、无法得到共享资源等。对于许多应用而言这不是什么问题，比如更新显示屏上的文字，只要选择了合理的更新周期，即使实际更新时间有较大偏移也是可以接受的（更新时间始终取决于任务的周期）。在其他系统中这可能会导致系统性能的降级，例如闭环控制系统。更重要的是，一些情形下（生产过程等）这可能会导致系统故障或者完全失效。因此，如果时序是至关重要的，需要使用另外的调度方法。

3）任务相互依赖

任务一般趋向于相互依赖，而不是互为独立，任务间的交互有三个原因：同步、通信和访问共享资源。三者都可能导致阻塞，前两者理论上不太会导致阻塞，特别是非周期任务。针对这些交互的数学分析局限于较为简单的情形（实际复杂的情况分析起来非常困难）。

当任务间共享资源时，保护措施的激活（互斥）可能会导致阻塞。单调速率理论通过使用优先级上限协议（Priority Ceiling Protocol，PCP）扩展支持到这一情形：高优先级任务在使用受保护的资源前，最多只需要等待一个低优先级任务。如果阻塞能持续的最长时间是Tb（即低优先级任务锁定资源的时间），修改后 n 个任务 RMA 算法的 U 为

$$\sum_{i=1}^{n}\left[\left(\frac{\mathrm{Tei}}{\mathrm{Tpi}}+\frac{\mathrm{Tbi}}{\mathrm{Tpi}}\right)\leqslant n\left(2^{1/n}-1\right)\right]$$

Tbi 是任务 i 阻塞的时间。

9.5　基于优先级的静态抢占调度策略——结合优先级和重要性的启发式方法

前面介绍的方法都有一个弱点：忽略了任务的重要性。考虑如图 9.10 所示的任务。

任务	类型	响应时间/ms	计算时间/ms
1	非周期任务	5	4
2	非周期任务	8	6

图 9.10　任务优先级和重要性——样例任务属性

从时间特性来看，任务 1 始终会有最高的优先级，任务 2 会阻塞到任务 1 完成才会执行。但是两个任务实际上我们并不知道是做什么的。假设两个任务都出现在一个飞行控制系统中，任务 1 将数据从通信缓存区（串行通信线路）中移除，任务 2 则是地形跟踪子系统中保护系统的一环，当高度传感器失效时，任务 2 会激活，并将飞机系统恢复到安全的模式中。使用基于截止时间的 RMA 算法，任务 1 始终会有最高的优先级，但哪个任务更重要呢？很明显是任务 2。但是，如果两个任务同时就绪，任务 2 必定会迟于截止时间完成。更糟糕的情况下，控制系统也许收到了一系列来自其他系统的信息，这可能会导致系统性能降级，甚至带来人身伤害，导致不可接受的后果。因此，任务 2 的优先级必须是最高的。

在实践中这类问题很少这样显而易见，而是需要编程人员的经验来设计合理的优先级策略，并用历史数据支持我们的决定。不过，最后实际的性能还是会和预测的有所出入。

9.6 基于优先级的动态抢占调度策略——概述

动态调度策略有一个简单的任务：根据系统实际(当前)状况做出使性能最优的调度决策。优先级的制定基于和时间相关的因素，在任务执行时当场做出决定。

这些调度方法也被称为"截止时间调度"，程序员不需要指定优先级，而是在创建任务时在源代码中定义特定的属性，调度器使用这些属性动态调整任务优先级。

后面会讨论具体的调度方法，但是它们都会以某种形式考虑如图 9.11 所示的时间信息。

(1) 任务执行(计算)时间 Te——预先定义的数值。

(2) 必需响应时间 Tr——预先定义的数值，也被称为截止时间。

(3) 空闲时间 Ts——计算得到的数值，也被称为松弛度。

(4) 必需完成时间(截止时间)Td——计算得到的数值。

(5) 任务激活(到达)时间 Ta。

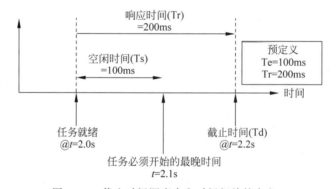

图 9.11 截止时间调度中和时间相关的定义 1

如图 9.11 所示，任务在 Ta=2.0s 时就绪，必需响应时间 Tr 是 200ms，截止时间 Td=2.2s，预定义的计算时间是 100ms，这意味着在截止时间前有 100ms 的空闲时间(Ts)。

当任务已经部分执行时，可以计算得到额外的时间数据(见图 9.12)。

(1) 已经完成的任务量 Tec——计算得到的数值。

(2) 剩余任务量 Tel——计算得到的数值(Tel=Te−Tec)。

(3) 到截止时间前的时间 Tg——计算得到的数值。

图 9.12 中的样例任务预先定义好了计算时间为 100ms，必需响应时间为 400ms，在 t=5.0s 时任务就绪。目前的时间是 5.12s，任务在初始的 50ms 延迟后开始执行，现在执行了 70ms(Tec)。因此，到截止时间前的时间(Tg)是 280ms，剩余空闲时间(Ts)为 250ms。

注意：当任务就绪/激活时 Td＝实际时间＋Tr＝Ta＋Tr，Tg＝Td−实际时间；Tec 也

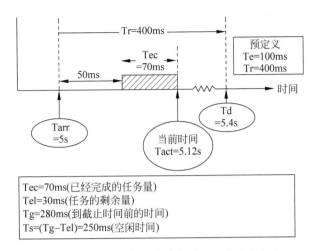

图 9.12　截止时间调度中和时间相关的定义 2

被称为累计执行时间；Ts 也被称为残余时间，可通过（Tg－Tel）计算得到。

可以定义任务的截止时间为"到期的时间"。

导致任务的再调度的原因有很多，其中重要的 3 个为：截止时间的临近——最早截止时间；剩余的计算量——计算时间；必须运行任务前剩余的空闲时间（松弛度）。

接下来会讨论这三方面。

9.7　基于优先级的动态抢占调度策略——最早截止时间调度

假设在再调度时情况如图 9.13 所示，此时有 2 个任务同时就绪，需要决定运行哪一个。最早截止时间调度（EDS）中，会选择到期时间最小（最短）的任务，即 Tg 最小的任务优先级最高，在这里意味着任务 2。该方法也被称为最早到期时间调度。

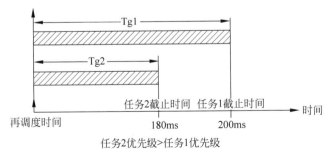

任务2优先级>任务1优先级

图 9.13　根据到期时间计算优先级

运行中和就绪任务的优先级特征都取决于实际的调度算法。例如，下面的算法会产生如图 9.14 所示的优先级特征图：

$$P = \text{Pmax}/\text{Tg}(\text{Pmax 是预先定义的常数})$$

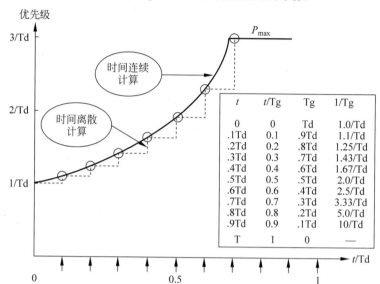

图 9.14 最早截止时间调度——标准化后的任务优先级特征

针对图 9.13 中任务 1 调整后的实际优先级特征如图 9.15 所示,注意 $P_{\max}$ 被设定为 15（一个随意挑选的数值）。

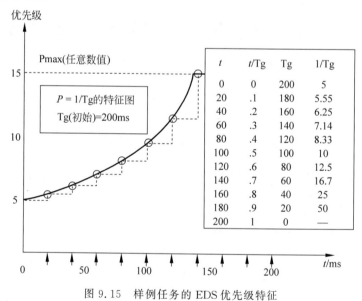

图 9.15 样例任务的 EDS 优先级特征

图 9.16 用更加简单的方式展示了最早截止时间调度。

两个样例任务的优先级特征如图 9.16(a)所示,图 9.16(b)展示了两个任务同时就绪的简单状况。图 9.16(c)中则是任务 2 先就绪并开始执行,之后虽然任务 1 也会激活,但由于

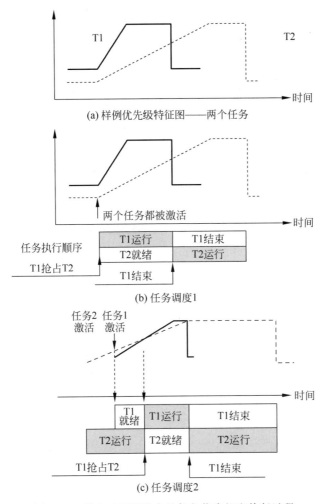

图 9.16 截止时间调度中的任务优先级和执行过程

其优先级更低,任务 1 留在就绪队列。一段时间后,任务 1 的优先级会超过任务 2,于是任务 1 取代任务 2 开始运行,完成之后任务 2 才恢复执行。

9.8 基于优先级的动态抢占调度策略——计算时间调度

图 9.17 所示的情形和图 9.13 一致,不过这里优先级是根据任务剩余的计算时间(Tel)而定的。图中任务 1 需要 70ms 完成,任务 2 则需要 100ms。需要最少计算时间(Tel)的任务会被指定最高的优先级,在这里意味着任务 1。

一种算法为 $P = \text{Pmax}/\text{Tel}$(Pmax 是预先定义的常数),可以将这种算法看作非抢占式的最短作业优先策略的动态版本。

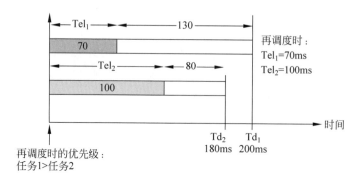

图 9.17　根据完成任务所需的时间计算优先级

9.9　基于优先级的动态抢占调度策略——空闲时间/松弛度调度

松弛度指的是激活任务和完成任务之间能够"浪费"的时间,其计算式为

$$Ts=[(Tr-Tel)-t]$$

其中 t 是任务激活后经过的时间。

基于空闲时间/松弛度的调度中,Ts 最小时优先级最高。P 的另一种计算方法为

$$P=Pmax/Ts\quad(Pmax 是预先定义的常数)$$

图 9.18 是从图 9.17 稍做变化而来,其中能看出每个任务的空闲时间/松弛度调度 Ts,本例中任务 2 的松弛度最低,因此优先级最高。

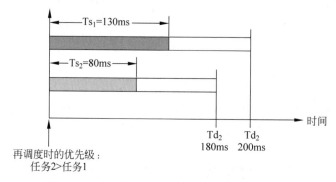

图 9.18　根据任务松弛度/空闲时间计算优先级

该调度算法也被称为最低松弛度优先(LLF)策略。

9.10　改善处理器利用率——速率组

之前指出多任务会带来开销,在一些情况下可能会大幅减少应用任务的处理时间。如果系统中任务的数目降到最少,处理器利用率就能够得到改善。可以将两个或者更多任务组合为一个同等的任务,组合后的代码作为一个连续程序执行。我们的设计必须能满足系统的时间和功能目标,下面讨论如何达到此要求。

假设一个多任务设计中有三个周期任务,如图9.19所示。

任务编号	周期/ms	运行时间/ms
1	20	8
2	39	8
3	81	4

图9.19　样例任务集

为了满足任务的要求,滴答计时器的精度为1ms,每1ms它会产生中断。这会产生相当大的处理器开销,甚至导致系统性能降级。通过下面的方法可以在一些情形下降低处理器负载。

(1) 设定任务周期时,简化周期之间的数字关系。

(2) 周期任务按照其周期激活,每次都运行到完成。

(3) 处理器负载按时间均匀分布。

有非周期任务存在时,这样做一般会有最佳的性能。

图9.20所示的是简化周期关系后的结果。

任务编号	周期/ms	运行时间/ms
1	20	8
2	40	8
3	80	4

图9.20　更改后的任务集

任务2的周期现在正好是任务1的2倍,任务3则是任务1的4倍,这样滴答的精度就可以设定为20ms。

换言之,将任务的执行组织为一系列较小的时隙,每一个时隙是最小的任务周期(本例中为20ms)。将任务根据时隙进行安排的结果如图9.21(a)所示,每80ms任务安排的模式会重复一次。可以看到,每一个时隙中都会执行一组任务,因此有了速率组这个概念。所有任务代码现在组合成了一个连续程序,滴答发生时调度控制软件只需要决定哪一段组合代码需要运行。

图9.21(a)所示的调度方案有一个重要弱点,它的处理器负载非常不均匀,40%～100%不等。如果一个非周期任务在高负载的时候到达,它可能会导致数个任务迟于要求的时间完成。一个解决方法是将周期任务均摊到不同时隙中,从而让负载更加均匀,如图9.21(b)所示。当然,调度方案的有效性取决于非周期任务的特性,这些任务的不确定性只能用统计学的方式来描述。

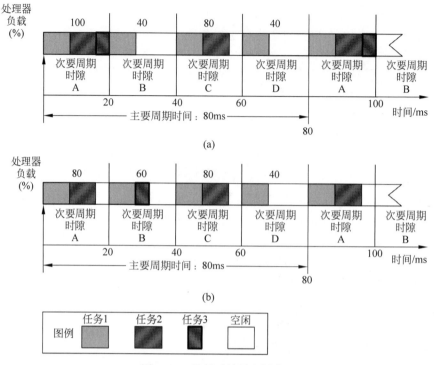

图 9.21 运行时的任务调度

9.11 调度策略——最后的解释

很多调度策略都已经在实践中应用了,但它们中不少都是为了通用商务应用设计的,不适合实时系统。考虑实时应用的限制和功能,常见而且成功的调度策略有着类似的模式,见图 9.22。

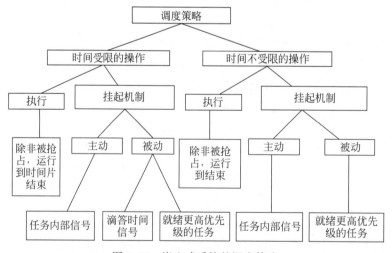

图 9.22 嵌入式系统的调度策略

　　首先,高于基础级别的任务按照优先级进行排序。当一个任务开始运行时,除非被更高优先级的任务抢占,它会一直运行到完成;如果被抢占,它也要在能恢复运行时立即继续。

　　当任务在 CPU 上运行时,执行系统通过两个方式可以重新取得控制权。第一,任务可能主动放弃 CPU,即自行释放。比如,任务必须等到某个事件发生才能继续,或者任务已经完成,不再需要继续使用 CPU。第二,CPU 被强制释放,一般是因为一个更高优先级的任务进入了就绪状态,因此在下一个再调度发生时,当前任务会被迫放弃处理器。

　　基础级别任务的优先级相同,它们通常以 FIFO 或者轮询方式运行。除了上面所述的主动和强制释放以外,还有第三种释放模式:在轮询调度中,每个任务在时隙用完时都要放弃对 CPU 的控制,无论任务完成与否。

9.12　调度时序图——符号一览

　　Ta——任务到达/激活时间:任务进入就绪状态的时间。

　　Tb——资源阻塞时间。

　　Td——任务截止时间:任务必须输出结果的最晚时间。

　　Te——执行时间:任务的实际执行时间。

　　Tec——已经完成的任务量:计算得到的数值。

　　Tel——任务剩余的计算时间:计算得到的数值(Tel=Te-Tec)。

　　Tg——到截止时间前的时间:计算得到的数值。

　　Tp——任务周期。

　　Tr——响应时间:任务可以用来运行的时间,也称为截止时间。如果通过相对时间而不是绝对时间衡量,则响应时间和任务截止时间数值相同。

　　Ts——空闲时间/松弛度:计算得到的数值(Ts=Tr-Tel-经过的时间)。

　　Tw——等待时间。

9.13　回顾

　　通过本章的学习,应该能够达到以下目标。

- 对适合实时嵌入式系统的一系列调度策略有清楚的认识。
- 了解分析调度时间特性的标准和相应的符号。
- 学习到静态和动态调度策略的概念,明白各自的优缺点。
- 明白 SRT、SJF 和单调速率调度的概念。
- 理解处理器利用率在单调速率调度中意味着什么。
- 认识到使用单调速率调度同时运行周期/非周期任务时会产生问题。
- 了解最早截止时间、计算时间和松弛度调度策略。
- 理解速率组的概念、使用速率组的原因和速率组调度的优缺点。
- 掌握实时嵌入式系统中常用的调度方法。

第 10 章 操作系统：基本结构和功能

本章目标

- 展示嵌入式系统架构如何影响操作系统的选择。
- 解释如何使用中断来提供一种简单的准并发方式。
- 开发一个由中断驱动的结构化系统软件模型。
- 扩展此模型来说明实际的超微内核和微内核的 RTOS 结构。
- 明确一个实用性 RTOS 核心组件的功能。
- 阐述这些核心组件所提供的功能。
- 解释什么是软件的硬件抽象层以及使用它的原因。
- 讨论大型嵌入式系统中 RTOS 的功能。

10.1 背景

嵌入式实时操作系统(RTOS)并没有所谓的"标准"，它们有着各种形式和尺寸。商业的嵌入式实时操作系统产品的代码大小从大约 1KB 到几 MB，各个嵌入式实时操作系统RAM 需求同样也不一样。它们的功能从只有基本的内核，到全面支持与互联网兼容。商业的嵌入式实时操作系统产品的价格同样令人眼花缭乱。

正是这样的现状，人们对于嵌入式实时操作系统有着诸多的困惑。这样多样化的产品能否满足嵌入式系统多任务功能的需求？但是，很快会发现这样的问法并不正确，真正的问题是：哪个嵌入式实时操作系统产品最适合我的嵌入式系统应用？

嵌入式系统的驱动力来自产业的应用，图 10.1 展示了嵌入式实时系统的通用功能、商业形态和技术架构。

本节将着眼于讨论支持上面技术架构的操作系统需求，一刀切的 RTOS 解决方案不是最好的工程途径，例如，对于成本敏感的小型电子设备（白色家电应用），RTOS 必须很小。所幸的是，这样的系统可能只需要有限的功能，因此一个小的操作系统应该就足够了。相比之下，为复杂的控制系统提供相同的 RTOS，并期望它满足所有的要求，是不现实的。为了帮助我们的多任务处理系统选择一个最佳解决方案，需要定义好下面的要素。

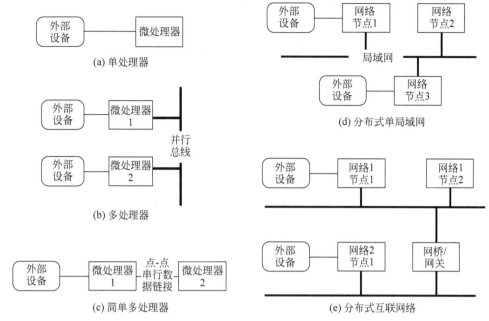

图 10.1 嵌入式实时系统通用架构

（1）RTOS 提供的核心功能。

（2）支持更复杂架构所需的附加功能。

（3）RTOS 核心和扩展的组成部分。

（4）各种 RTOS 组件的结构和互连方式。

先看一个简单的非 RTOS 的控制系统设计是如何实现的，这样做的原因有三点：明确程序代码的关键部分；展示这些部分之间的关系；为后面的工作设定基准。

10.2 通过中断实现简单的多任务处理

假设我们的任务是为数字控制器提供软件，比如一个双回路设计。该设计具有图 10.1(a) 的硬件结构。从多任务的视角看，可以认为每个控制回路的代码是一个任务，需要以一个相当准确的时间间隔运行。实现该目标的一种简单方法，首先是将每个"应用任务"作为中断程序来编写，然后使用硬件定时器来生成必要的中断信号。要使这个系统正常工作，必须为微处理器提供一个正常工作的操作条件，即正确且完全初始化，因此系统完整的代码组织结构如图 10.2 所示。可以看出，这包括三大组成部分：初始化代码、后台处理和应用程序代码。下面依次解释每个部分。

1）初始化代码

初始化代码的目的是使处理器进入工作状态。它有两个主要部分：声明和初始化操作。声明的重要作用是定义程序中使用的所有项目（严格来说这是编译器的要求），在需要

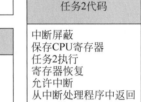

图 10.2 代码结构——简单单处理器应用

的地方指定绝对地址也很重要。简单起见,与处理器相关的组件,如定时器、计数器等,在这里称为板级设备,与外部世界接口的组件被称为外围设备。

接下来是可执行代码中的初始化操作。这些初始化操作确保了 CPU、板级设备、外围设备等(即那些需要编程的部件)被正确初始化并准备好提供给应用程序软件使用,特别是必须初始化并激活中断系统。

2)后台处理

在这个例子中,后台循环只是一个简单的不做任何事情的连续循环。虽然初始化后代码可以直接退出,但大多数嵌入式设计依然使用了后台循环,即使这样的循环只是用于计算处理器的利用率(在这种情况下,后台循环被认为是另一个应用任务)。注意:后台循环运行任务的优先级低于中断驱动的应用任务优先级。

3)应用任务

这里有两个应用任务(如前所述),每个任务都有相似的代码结构(见图 10.2)。从图 10.2 中可以看出,在这种情况下,基本的任务代码都和特定的中断代码密切相关。根据设计需要,它也可能包括与定时器相关的代码。为了保持代码的简洁和可维护,"执行任务1"和"执行任务2"的操作,可被称为子程序"任务1"和"任务2"。这两个任务将有不同的优先级,即由设计者来定义初始化代码中的顺序(例如正确地设定可编程中断控制器)。

在某种程度上,这样的设计往往依赖于某个程序员的处理方式。此外,整个系统应用代码缺少基础的模型结构概念,如图 10.3 所示。

【译者注】 也就是说这样的软件系统设计的模块化架构不好。

有以下三点需要关注。

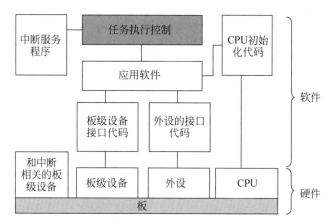

图 10.3　概念模型——简单的单处理器软硬件结构

（1）硬件的控制，包括初始化和正常操作，是由下面的软件子系统完成的。

① 中断服务例程—ISR（用于中断处理）。

② 接口代码—板级设备（用于控制标准板上设备）。

③ 接口代码—外设（通常是非标准的或特殊应用的外部设备）。

④ CPU 初始化代码（用于 CPU 内部机制操作）。

（2）应用软件与硬件之间是通过接口代码层实现的，该代码层在任务执行代码的控制下运行。

（3）任务是被中断处理程序（ISR）激活的，ISR 则是由硬件信号触发的。

10.3　超微内核

由中断驱动发展出来的任务设计方式再到小型的 RTOS 只是一小步，这样的 RTOS 是超微内核（英文 Nanokernel，更多的人称为实时执行程序 Real-Time Executive）。超微内核并不是一个标准术语，然而这个词可以代表一个软件组件，它提供一系列最基本的操作系统服务，主要包括任务创建、任务的调度管理、定时和中断管理。

【译者注】　VRTXsa 实时多任务操作系统内核使用超微内核技术，该内核是由 Ready System 于 20 世纪 80 年代开发的，VRTX 是全球最早的商业 RTOS 之一。

超微内核的系统概念模型如图 10.4 所示，图中展示了系统的重要功能。

首先，除了时间关键（time-critical）的任务，所有的应用全部由内核控制。关键任务需要最快的响应，并且不能接受由操作系统控制带来的延时。关键任务由快速中断服务程序激活，绕过了内核调度立即执行。滴答定时器有一个专门的中断处理程序，该程序提供超微内核基本的时间机制。

其次，直接与硬件对接的软件层：

（1）旨在为应用软件和内核提供一个抽象的接口。

（2）封装了硬件开发板的初始化和操作所需的全部代码。

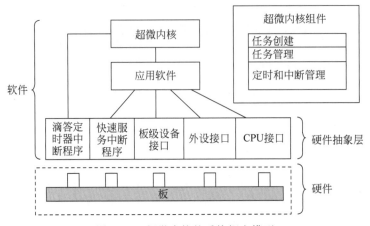

图 10.4　超微内核的系统概念模型

（3）与计算机硬件属性密切相关。

（4）通常是开发者为专门的需求而设计的。

这样的软件一般称为硬件抽象层（HAL），HAL 是由开发者完成的，一个好的 HAL 设计可以提供对该服务软件的封装（它向应用提供了服务）并隐藏硬件实现细节。应用开发者只需要调用这些服务，并不需要了解该服务的内部实现原理。然而许多 HAL 设计并没有完全按照这样的思想去实现，经常能在应用代码中发现与硬件相关的服务代码。

图 10.5 是一个代码组织结构的实例，很明显其中已经不需要定时和中断处理的部分了。

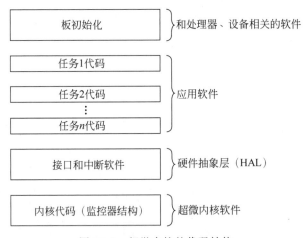

图 10.5　超微内核的代码结构

事实上，代码组织结构里面并没有内核，内核代码通常是封装在一个软件容器里的一组子程序，一般情况下它是一个具备互斥机制可安全操作的监控器，且支持以下功能：初始化操作系统；创建一个任务；删除一个任务；延迟一个任务；控制滴答计时（启动时间片，设置时间片长度）；启动操作系统；设置时钟时间；获取时钟时间。

10.4　微内核

超微内核向上一步是微内核,典型的微内核代码组成如图 10.6 所示。相比超微内核,微内核有两个重大的改进;增加了内核的功能;使用了板级支持包(BSP)。先讨论 BSP。

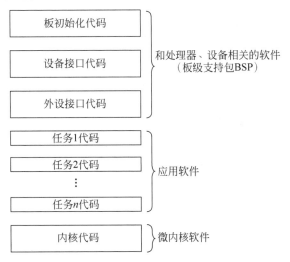

图 10.6　微内核系统的代码组成结构

微内核软件里面的 BSP,既提供标准硬件的支持,也支持用户硬件的定制,这样的好处是最大限度地减少了开发新的硬件系统接口软件的工作量。板初始化、设备接口和外设接口代码都包含在 BSP 中(通常中断处理的操作也包含了)。尽管不同 RTOS 之间有差异,下面的功能在多数 RTOS 的 BSP 软件包里面也都可以找到。

(1) 板支持功能,包括一般初始化、RTOS 初始化和中断配置。

(2) 以模板形式提供的设备驱动程序,这些驱动程序与开发板无关,开发者可以对这些驱动程序进行配置。

(3) 设备驱动程序中的底层代码,适用于特定设备(例如 Intel 82527 通信控制器)。

(4) 支持开发专门用途的 BSP 功能。

与超微内核相比,微内核有更多的功能,无论是企业内部设计还是采购商业版本,微内核操作系统都需要具备下面一系列操作(原语)。

1) 系统初始化和专用的功能

(1) 初始化 OS(如果 BSP 中不包括)。

(2) 初始化全部的非内核的中断功能。

(3) 启动应用程序的执行。

2) 任务调度和控制

(1) 创建任务。

（2）启动任务。

（3）停止任务。

（4）删除任务。

（5）设置任务优先级。

（6）锁定任务（使任务不可抢占）。

（7）任务延迟。

（8）任务恢复。

（9）管理实时时钟（时钟滴答，相对和绝对时间功能）。

（10）管理中断。

3）互斥

（1）获得信号量的使用权（进入关键区域）。

（2）释放信号量使用权（退出关键区域）。

（3）获得监控器使用权。

（4）释放监控器。

（5）等待监控器。

4）没有数据传输的同步

（1）初始化信号/标志。

（2）发送信号/标志（带或不带超时控制）。

（3）等待信号/标志（带或不带超时控制）。

（4）检查信号/标志。

5）没有同步的数据传输

（1）初始化一个通道/内存池。

（2）向一个通道发送数据/向内存池写数据（带或不带超时控制）。

（3）从一个通道接收数据/从一个内存池读数据（带或不带超时控制）。

（4）检查通道状态（满/空）。

6）带数据传输的同步

（1）初始化一个邮箱。

（2）向邮箱传递信息（带或不带超时控制）。

（3）等待邮箱的信息（带或不带超时控制）。

（4）检查邮箱状态。

7）动态存储器分配

（1）分配一块存储器空间。

（2）释放一块存储器空间。

在概念上，一个典型的基于微内核的软件系统模型如图 10.7 所示。

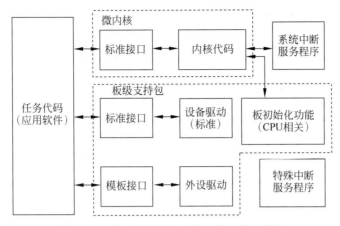

图 10.7　典型的微内核系统的软件概念模型

10.5　通用的嵌入式 RTOS

图 10.8 展示了一个大型的嵌入式系统的硬件架构和软件功能,从图中可以看出软件功能与硬件紧密相关,注意下面几个重要的新功能。

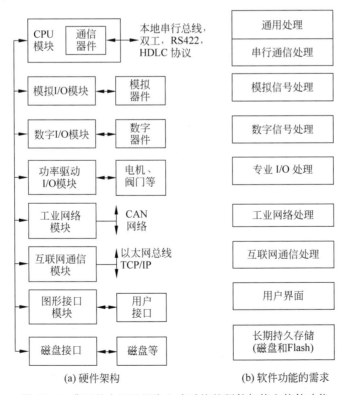

(a) 硬件架构　　　　　(b) 软件功能的需求

图 10.8　典型的大型通用嵌入式系统的硬件架构和软件功能

（1）工业网络——包括标准网络系统（比如 CAN 和现场总线等）和一些专用的网络设计。

（2）通用网络——特别是互联网应用（比如以太网和 ATM 网络），现在许多嵌入式应用都有能力充当一个可以提供远程访问的小型嵌入式服务器。

（3）图形系统——基于用户界面技术（基于 PC 的 GUI 和专用的设计）。

（4）长期持久存储——磁盘和半导体存储器件（比如 Flash）。

图 10.9 展示了具备大型嵌入式系统特征的软件概念模型。

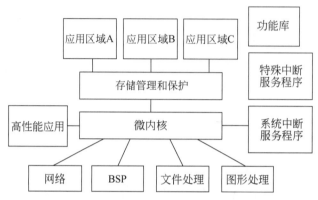

图 10.9　典型大型通用嵌入式系统的软件概念模型

微内核是系统的核心，充当系统事件的协调者。网络、设备驱动、文件和图形处理是单独的软件包，应用程序与微内核之间由存储管理和保护层隔离开。这样的架构以最简单的方式支持两种操作模式：内核（保护）和非内核（非保护）模式。安全关键系统还会在任务之间增加一个隔离屏障。系统中断服务需要和内核交互（比如滴答时钟、外设驱动等），特殊中断处理程序可以打断内核操作，它们一般是提供给高度时间敏感的应用使用。某些非高度时间敏感但有高性能要求的应用，也被允许与内核直接交互。

这个系统还有一个重要的机制——功能库，它们通常由一系列标准的 C/C++ 函数库组成。为了能够在嵌入式系统中安全地使用这些功能库，可重入是必需的（某些操作系统的公司开发了完全可重入版本的标准库）。

很明显，网络、图形和文件处理组件并不是 RTOS 的一部分，然而，许多操作系统公司已经把这些组件集成到 RTOS 软件包中，这样可以让应用软件更方便使用。

10.6　回顾

通过本章的学习，应该能够达到以下目标。

- 知道 RTOS 必须提供哪些核心功能。
- 明白为了满足更复杂的需求，系统需要增加额外的功能。
- 理解如何使用中断为应用提供简单的准并发（多任务）能力。

- 清楚区分应用程序、服务程序、初始化代码和 RTOS 软件存在的原因和优势。
- 了解什么是 HAL 以及它的作用。
- 了解什么是基于超微内核的 RTOS 以及它提供什么服务。
- 了解什么是基于微内核的 RTOS 以及它提供什么服务。
- 理解超微内核和微内核 RTOS 的代码组织结构。
- 了解什么是 BSP 以及它的作用。
- 了解大型通用嵌入式系统支持的一系列的软件功能。
- 理解这些功能与 RTOS 内核之间的关系。

第 11 章

RTOS 的性能和基准测试

本章目标

- 介绍衡量运行时性能的一种方法：基准测试。
- 解释计算性能和操作系统性能间的区别。
- 描述不同类型的基准测试是如何测试计算机系统的。
- 分析程序运行时开销的位置和原因。
- 详解操作系统的代表性测试和综合测试。
- 展示最适合实时多任务应用的性能评估方式是综合测试。

11.1　概述

实时计算机系统必须以正确的顺序在正确的时候给出正确的答案。这里的衡量标准来自系统需求，而不是计算机的需求。为了满足这些需求，软件的行为必须是可确定的，更准确地说，软件必须同时满足功能和时间正确性。

实时操作系统让实现大型、复杂软件系统变得简单许多，特别是在功能正确性上。不幸的是，时间正确性方面完全不是如此，甚至可以说难度反而变大了。这可能会为嵌入式系统的设计者带来严重的问题，特别是硬实时系统。

多任务结构中的核心机制是 RTOS。在这类应用中时间行为非常重要，我们当然希望 RTOS 的性能是完全可预测的。从这里开始，凡是提及性能都指的是时间性能。于是有了下述疑问：

（1）我们需要什么信息？

（2）从哪里可以取得这些信息？

（3）如何利用手中的信息定义系统的性能？

一般认为 RTOS 供应商会给我们提供需要的信息，但事实并没有那么简单。供应商的资料往往无法回答所有疑问，原因有许多，如缺乏横向比较、隐藏的开销、时间测量方法、系统架构等。

下面逐条进行讨论。

第一点：如果想要比较产品，需要类似的比较对象，这不一定像听上去那么简单。首先，不同的供应商可能会用同样的术语表示不同的概念，比如"上下文切换"，乍一看没有什么歧义，但这其中不一定包括重调度过程。其次，测量的结果可能互相无法比较，比如中断延迟和中断调度时间。

第二点：供应商定义的操作有可能只是全过程的一部分，这会误导读者。例如，在使用一个特定内核功能前也许需要进行一些"序幕"操作，即需要在应用程序中添加额外的代码。供应商的时间数据可能不包括这类操作。

第三点：时间测量有多种不同的方法，其中一些方法的准确性稍差，会导致更大的误差幅度。供应商很少会详细解释时间的测量方法。

第四点：多数数据表会指明测试用的 CPU 类型和时钟速度，但是除了这些，处理器的架构也会影响时间。性能信息往往不会提供测试环境的细节。

综上所述，如果只有供应商提供的时间数据，就需要具备解读和分析这些数据的能力。

许多工程师会认为这个课题和真实系统的相关性并不大。在装备强力处理器的软实时系统中可能确实如此，但是对于硬实时系统，特别是资源限制的系统而言则不是如此。几年前 Steve Toeppe 和 Scott Ranville 在福特研究实验室进行的"针对汽车动力总成应用的 RTOS 评估和选择标准（RTOS Evaluation and selection criteria for embedded automotive powertrain applications）"实验是有力的证明。实验中的一个核心项目是测试在特定处理器平台上的 RTOS 开销，对 10 个 RTOS 进行了测试，最糟负载下最小开销为 23%，最高为 53%，即 OS 本身使用超过一半的计算能力。

11.2 测量计算机性能——基准测试

11.2.1 概述

基准测试是用来测量计算机系统性能的一种方法。在基准测试中系统会运行事先定义好的一组测试任务，完成这些任务的时间会用来衡量性能。

对于设计者而言，计算机性能有两个重要的方面：计算性能和 OS 性能，如图 11.1 所示。计算性能的基准测试已经十分规范了，但是 OS 性能的基准测试依然比较新，而且应用并不广泛。可以从已有的 OS 性能测试中学习，并搭建我们自己的评估框架。首先，快速浏览现有的计算性能基准测试，分析它们是否适用于实时计算。

11.2.2 计算性能基准测试

计算性能基准测试分为两类：开源和工业标准。这些测试最初是针对通用系统设计的，能够测量特定计算机体系结构的性能，结果往往取决于系统特性：CPU、协处理器、缓存的组织方法、内存结构等。业界有许多测试，比较著名有 Dhrystone、Whetstone、SPEC（System Performance Evaluation Corporation）、EEMBC（Embedded Microprocessor Benchmark Consortium）。

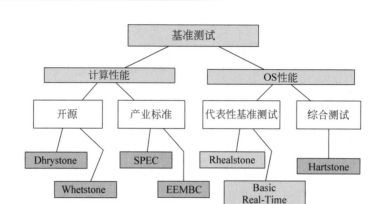

图 11.1　计算机性能的衡量方法

这些测试的基础机制都是类似的：系统执行一组标准程序,期间会收集时间数据,这些运行时间数据决定测试的结果。

在有些情况下,收集的数据集经过计算会产生一个计算机系统性能指数。

1) Dhrystone

Dhrystone 基准测试的目的是提供针对系统编程的性能评估。测试会执行一组能够模拟真实计算需求的程序(程序本身并不会做什么),测试的结果数字取决于两个因素：硬件平台和编程语言。测试中会进行数据/数据类型、变量赋值、控制语句、过程和函数调用等操作,并以"Dhrystone/s"为单位衡量测试套件的执行速度,这个单位可以进一步转换成更为常见的单位 MIPS(每秒百万指令)。严格来讲,MIPS 是针对业界标准参考计算机 VAX 11/780 的相对单位,而不是实际的指令数目；将 VAX 认定为 1MIPS 的系统。

要针对一个计算机计算其 MIPS 数值时,将执行测试的时间和 VAX 所需的时间进行比较。比如,测试计算机的速度比 VAX 快 100 倍,那么这个计算机的性能是 100MIPS。再如,ARM 官方引用数据："ARM7 的最高性能是 0.9Dhrystone VAX MIPS/MHz",这个数据是在特定测试环境下用特定硬件取得的。

Dhrystone 基准测试不涉及浮点数计算。

2) Whetstone

Whetstone 源自科学数字计算,它侧重于浮点数性能,测试程序类似于真实浮点数应用,例如矩阵求逆和树搜索。测试中,一组"Whetstone"指令集会循环固定次数,运行时间会被记录下来,由此可以计算执行速率,单位为"百万 Whetstone 指令/秒"(MWIPS),之前也曾以千 WIPS(KWIPS)为单位进行衡量。

3) SPEC

SPEC 是为了克服 Dhrystone 和 Whetstone 测试范围过于狭窄的缺点而诞生的。测试源自真实的应用(例如 Spice2g6 电路设计和 Doduc 模拟),结果用来确定系统的吞吐量,基准测试是所有测试时间的几何平均数(归一的结果)。

4）EEMBC

如果需要评估嵌入式系统的性能，而且需要评估特定功能的执行，EEMBC 基准测试会非常有用。EEMBC 涵盖一系列应用，下面一段文字节选自 EEMBC 官方网站。

EEMBC 开发帮助系统设计者选择最佳处理器的嵌入式基准测试软件，并针对电信/网络、数字媒体、Java、汽车/工业、消费者和办公室应用场景发布基准测试套装。

这些测试本身是一组软件基准测试数据书，每一册覆盖一个技术领域。比如 AutoBench 一册用于汽车领域，其中包含 15 个测试，包括角度到时间转换、快速傅里叶变换和脉冲宽度调制。

下面这点很重要：这些测试的数值是性能的相对比较，而不是提供绝对的性能数据。它们可以帮助选择更合适的处理器，但并不能让你知道具体应用的表现，更不能提供关于 OS 的细节。

11.2.3　操作系统性能

之前已经指出，除了纯计算时间外还有许多因素影响 RTOS 的性能，例如调度方法、中断的处理、上下文切换时间、任务派遣等。一个实用的基准测试必须间接或者直接运行这些系统功能。

OS 基准测试可以分为两个大类：代表性基准测试和综合测试，简单来讲也可以说是底层测试和高层测试。代表性基准测试的目的是提供特定 RTOS 功能的性能参数，例如：

（1）任务管理调用（创建任务、挂起任务、锁调度等）。

（2）内存管理调用（获取内存块、扩展内存分区等）。

（3）进程间通信调用（发送到邮箱、发送到频道等）。

这类数据一般由 RTOS 供应商提供，但是测试的方法因产品而异。业界已经提出了数个标准，包括 Rhealstone 和 Basic Real-Time Primitives 基准测试，之后会进行详细介绍。

综合测试则是为了测量 RTOS 的反应速度和输出，一般通过改变系统的运行时负载进行测试，比如任务数目和类型、任务的属性、调度算法、运行时任务的混合配比。

Hartstone 基准测试是业界提出的综合测试标准，在后面会讨论。

11.3　处理器系统的时间开销

本节的问题是：时间都去哪里了？回答这个问题之前需要理解处理器系统在执行代码时的行为。你也许会认为这些知识的意义不大，作为应用设计师没有办法控制这些行为。但是，在多任务设计中，处理器系统的行为会对性能产生很大影响，为了理解这一点必须要对处理器系统的基础运行有概念上的宽泛理解。

简单微控制器的寄存器结构是一个很好的开始，见图 11.2。内存和 I/O 地址的细节都由地址寄存器组负责，标志寄存器记录处理器的状态，其余功能由一组通用寄存器支持。

程序计数器（PC）是 CPU 的重要组成部分，其中记载着下一个指令的地址。PC 是冯·诺依曼计算机体系结构的核心组成之一,第二个核心寄存器是栈指针(SP),其中记载着栈顶的地址(栈是 RAM 中的一个区域,以后入先出方式进行组织)。注意寄存器的命名方法因处理器类型而异。

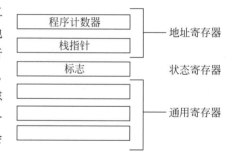

图 11.2   寄存器结构——简单微控制器

现在可以探讨程序开销的问题了。首先,考虑汇编级别的编程(实践角度最低级别的源代码),一个小型的连续程序会执行全部的语句,这一般不会造成额外开销,但一旦出现子程序情况就不同了。以图 11.3(a)为例,这里处理器的主程序调用 SubX

子程序。处理器在切换到 SubX 前必须得到 SubX 第一个指令的地址,"调用 SubX"提供该信息,并且触发从主程序向子程序的切换。子程序结束时必须告知处理器,这意味着某种形式的返回(return)指令。

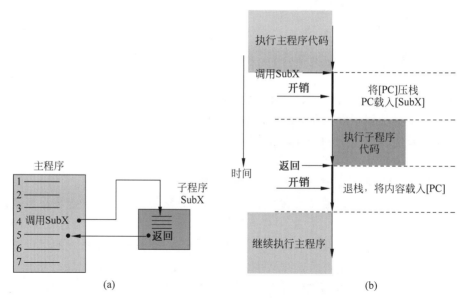

图 11.3   子程序调用——汇编级别操作

如图 11.3(a)所示,调用指令位于源代码的第 4 行,处理器载入指令后 PC 会自动递增,这意味着第 5 行指令的地址。接下来的系统行为如图 11.3(b)所示。

(1) 将 PC 的内容(主函数下一个指令的地址)入栈。

(2) PC 加载子程序第一个指令的地址。

(3) 子程序开始执行,遇到返回语句时结束。

(4) PC 加载退栈的数据。

(5) 主程序的执行从 PC 中的地址继续。

可以看到,运行子程序时处理器需要进行额外的操作。对于应用而言,即使什么也没有做也会花费处理器时间。

当子程序需要使用主程序传递过来的数据(子程序的参数)时,情况会变得更加复杂。一般的方法是将栈用作通信手段,如图 11.4 所示。

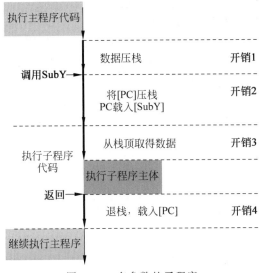

图 11.4　有参数的子程序

在调用子程序之前,参数会先入栈(开销 1),接下来是 PC(开销 2),子程序开始时第一个操作是取出参数数据(开销 3)。注意对于许多处理器而言参数数据可以直接访问,因此开销 3 可能不存在。

这些多余的开销有多重要?答案很大程度取决于处理器的类型。在时间关键应用中,给程序员提供一些一般准则会有很大帮助,比如对于一个常见的 8 位微控制器而言:

(1) 基础子程序开销——1 个时间单位。

(2) 传递 1 字节的参数——1.5 单位。

(3) 使用 1 字节参数的基础子程序——2.5 单位。

现在你也许在想,这些和 RTOS 有什么关系?许多(甚至多数)内核操作都是基于使用参数的子程序实现的。参数的数量和数据类型对系统开销有显著的影响,值传递比引用传递的开销大许多。另外,合成数据类型(比如数组)经常包含大量的数据成员。最后,在调用子程序前,为了载入参数信息需要执行一些序幕代码,根据应用不同开销有可能会很大。如果供应商的参考性能信息没有考虑这些因素,你的性能预测有可能会和实际情况相差很多。

尽管 RTOS 应用中会用到汇编语言,但其用途往往局限于 CPU 级别的功能。绝大多数商用 RTOS 设计中会提供 OS 功能的高级语言接口,程序员往往不知道这背后的性能开销。考虑下面的简单函数调用 ComputeSpeed(见图 11.5)。

和运用汇编语言时不同,高级语言源代码并不会清晰地显示其背后的开销,不过图 11.5 中所示的开销和图 11.2 非常相似。如果函数有参数,额外的开销(见图 11.6)会和图 11.4 类似。

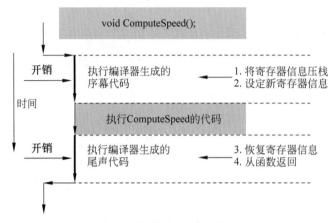

图 11.5　函数调用——运用高级语言

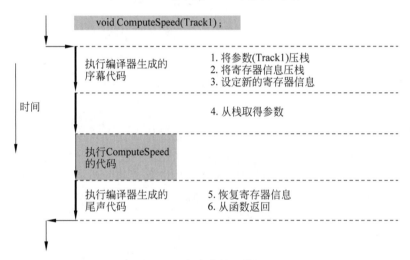

图 11.6　有参数的函数调用

　　现在转向实时操作系统的另一个重要组成：中断。中断有多种用途，其中的两项重要功能：让处理器能够处理外部的非周期性事件；为系统运行提供精确的定时。

　　接下来会仔细讨论这两项功能以及相关的开销。为了简化起见，忽略操作系统的功能。假设处理器正在执行一个背景循环，一个外部设备产生了硬件中断信号，如图 11.7 所示。允许中断的情况下，处理器在收到中断信号时会首先完成当前的指令，之后接受中断（硬件信号），将核心寄存器信息压栈，获取中断的类型，然后跳转到相关的中断服务例程（ISR）。从中断到达 ISR 跳转之间经过的时间被称为中断延迟，中断延迟能告诉我们系统对外部事件作出响应的速度。

　　ISR 的最开始会保存其他寄存器的上下文，除非编译器进行了大量优化，这一般意味着储存所有寄存器的内容。接下来是 ISR 的主体部分，最后是 ISR 的结束阶段：第一步，恢复其他寄存器的信息；第二，执行"从 ISR 返回"指令，处理器会退栈获取寄存器信息，并恢复

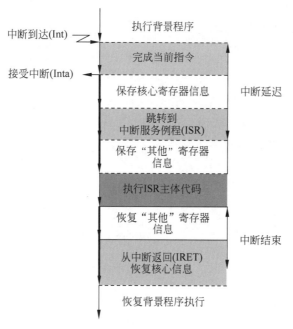

图 11.7 中断驱动的操作

执行背景程序。

图 11.7 标注了和中断相关的开销,和图 11.5 所示的函数调用开销进行比较,可以看到两个重要区别:中断向量和寄存器数据的保存。

跳转到 ISR 的时间可能很短,也可能较长。假设一个处理器有一组中断,每个中断都意味着需要跳转到特定的地址。编译器应该已经将 ISR 入口放置到了这些地址上,跳转的时间将会非常短。另一个极端是系统使用一个中断,多个 I/O 模块都可以激活,系统需要额外的时间识别发送中断的模块,并跳转到合适的处理例程。

保存寄存器数据的开销和函数调用的开销大致相当,但是有一个显著的不同:程序员对程序执行的控制。在正常的顺序编程中,程序员决定在什么时候用哪个函数,编译器会确保只保存必需的寄存器信息。相反,程序员并不知道什么时候中断会发生,也无法预测被打断的程序在做什么,最糟情况需要储存所有寄存器的信息(之后进行恢复),这有可能会需要不少时间。

上述的信息适用于主流微处理器和微控制器。一些芯片通过板上额外的硬件降低多任务开销,例如现代处理器上有多组用于存储系统上下文信息的寄存器,每组寄存器和 CPU 主寄存器的组成一致(因此被称为影子寄存器),分配给一个中断向量。当一个中断发生时,一组影子寄存器会替代 CPU 的所有一般用途寄存器。ISR 结束时,系统上下文位于影子寄存器组中,该设计让上下文切换时间大幅降低。

中断的一个重要用途是产生时间滴答信号。假设任务以轮询方式运行,滴答发生时 ISR 会进行重调度(见图 11.8)。每次滴答时会发生以下两种情形之一:其一,如图 11.8(a)

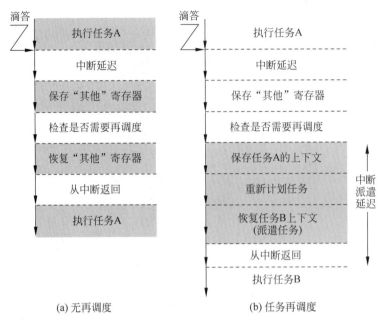

图 11.8　滴答驱动的调度

所示,正在进行的任务继续执行,不需要重调度;其二,如图 11.8(b)所示,正在进行的任务被挂起,一个不同的任务取而代之,这会产生额外的时间开销:

(1) 保存上下文(有可能不只是寄存器数据)。

(2) 任务重新排序。

(3) 恢复新任务的上下文。

很明显,不包括重调度时间的时候,上下文切换时间会显得更短,请注意这一点。

另一个测量数字是中断派遣延迟,回到图 11.8(b),可以看到重调度过程的最后是从中断返回,这意味着载入任务 B 的上下文(CPU 寄存器数据)。从检查是否需要重调度到执行任务 B 所经过的时间是一个重要的数字,它告诉我们 ISR 主体结束后需要多久才能运行新任务,即中断派遣延迟时间。需要注意的是,ISR 代码的具体结束点并没有一个标准的定义。

一些 RTOS 用中断机制激活上下文切换,其他一些 RTOS 则将内核功能嵌入监视器中,通过函数调用达到同样的目的,在这种情形下任务切换需要的时间也被称为任务切换延迟。

11.4　操作系统性能和代表性基准测试

代表性基准测试提供特定功能的性能数字。这里有一个严重的问题:除非所有的基准测试都使用同一个公认的硬件平台,否则测试结果间毫无对比性可言。现实中很难找到这样的平台,这让我们的选项变得非常有限。首先,如果想要得到准确的数字,必须在应用环境中进行 RTOS 测试,这往往意味着必须首先取得测试用的 RTOS。除非亲自进行测试,否则多半只有供应商提供的 OS 性能数据。虽然这些数据只能作为一般参考,但若仔细分析和评估,还是非常有价值的。

图 11.9 所示的是一个代表性测试基础测试集。

图 11.9　代表性基准测试指标——基础集

可以用不同方式展示和这些测试相关的数据,方法往往取决于特定的 RTOS。业界提出了一些标准代表性基准测试,如 Basic real-time primitives 基准测试和 Rhealstone 实时基准测试。

图 11.10 所示的是这些基准测试考虑的因素,它们可以帮助开发公司内部的基准测试,下面逐一讨论这些因素。

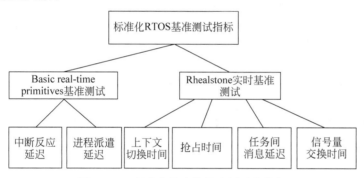

图 11.10　标准化代表性基准测试的指标

(1) 中断反应延迟:指从内核接收中断到执行 ISR 第一个指令间经过的时间,结果用最高、最低和平均时间描述。

(2) 进程派遣延迟:指系统对外部中断(事件)作出响应,并进行任务重调度所需的时间。这里假设:任务被挂起,等待事件的到来;处理器正在执行的任务优先级比挂起中的任务低;中断唤醒挂起中的任务,代替之前执行中的任务。

更准确地来讲,进程派遣延迟是指从中断产生到执行挂起中任务的第一个指令之间经过的时间。结果用最高、最低和平均时间描述。

(3) 上下文切换时间:两个优先级相同的任务间切换所需的平均时间。

(4) 抢占时间:一个高优先级任务抢占运行中低优先级任务的平均时间。

(5) 任务间消息延迟:一个任务向另一个任务发送数据消息时内核的平均延迟。

(6) 信号量交换时间:指从任务请求信号量到得到信号量间的平均延迟。这里假设在请求时另一个任务持有该信号量,测量结果不包括持有信号量任务的运行时间。

为 OS 设定指标非常重要,但这意味着需要相应的设施,还要投入人力、时间和资金。如果手头并没有充裕的资源怎么办?这时只能依赖 RTOS 供应商提供的数据。下一个问题自然是:如何充分利用这些数据?

产品的选择标准不可能只有执行速度这一条,其他的因素也非常重要,比如开销、产品系列、技术支持等。性能数据在决定什么时候使用哪些 OS 功能时最有帮助。下面会列出在一项研究课题中一颗主流微处理器的一组性能数字,数字根据上下文切换时间进行了归一化。为什么要以这一组数字为例呢?原因是许多开发者会将这一组数字看作内核的性能,但他们很快就能发现,此想法有些天真。

首先,图 11.11 所示的是一些和任务管理相关的指标。

任务管理指标	相对时间
上下文切换	标准化-1
创建一个任务	3
删除(杀死)一个任务	2.7
挂起一个任务	0.9
继续一个任务	0.84
延迟一个任务	1.4
更改优先级	1.14
获取任务状态	0.48

图 11.11　任务管理开销

从图 11.11 中可看出,创建和删除任务耗费的时间相对较长,这告诉我们在快速系统中使用动态任务会带来明显的开销。与之相反,如果任务是静态的,则任务创建是一次性开销,而且往往是在初始化时进行。接下来是挂起一个任务的时间,稍微想一想这背后要做的事情就不难理解了。改变任务的优先级也同样不容易,而且多个任务可能同时要求更改优先级。

第二组同样很重要的性能数字和任务间通信有关,见图 11.12。

任务间通信指标	相对时间
邮箱——发送(无再调度)	0.42
邮箱——发送(再调度)	1.28
邮箱——接收(无再调度)	0.38
邮箱——接收(再调度)	1.72
频道——发送(无再调度)	0.44
频道——发送(再调度)	1.54
频道——接收(无再调度)	0.5
频道——接收(再调度)	1.54

图 11.12　任务间通信开销

这些数字是基于在相关组件间传输单一数据指针的时间衡量的。

这里有两个要点。第一,进行性能计算时,不能简单地忽略任务间通信所需的时间。第二,当任务间的交互导致重调度时,开销会非常大。

使用信号量的开销如图 11.13 所示。

保护(互斥)指标	相对时间
信号量——创建	0.42
信号量——删除	0.44
信号量——检查	0.38
信号量——等待(无再调度)	0.48
信号量——等待(再调度)	1.62

图 11.13　互斥开销

最后,处理器内存的动态处理也是开销的一个重要来源,见图 11.14。

内存管理指标	相对时间
获取一个内存块	0.48
创建一个分区	0.96
扩展一个分区	0.9
释放一个内存块	0.58

图 11.14　内存操作开销

现在你应该知道为什么设计中的任务越多,性能下降得越明显了。随着上下文切换次数的增加,开销呈线性增长。更糟糕的是,若还需要额外的通信和保护措施,会让开销以几何形式增长。

虽然前面这些数据很重要,但它们也只能作为性能的参考。图 11.15 中 ISR 延迟时间的结果说明了这一点。从图中可以看出,延迟时间的分布很广,最坏情况的数值大约是最佳情况的两倍。其他的指标也有着类似的分布,比如 Jean Labrosse 在英特尔 MCS251 处理器上测试 MicroC/OS 的信号量和邮箱操作时,最大和最小时间比是 7 ：1。结论显而易见——无法准确预测多任务 OS 设计的实际性能。

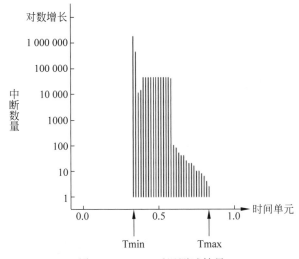

图 11.15　ISR 延迟测试结果

那么应该如何分析和预测性能呢？需要采用务实的基于数据的方法，推荐的方法如下。

（1）软慢速系统：OS 性能不是显著的因素，平均时间对于性能预测而言足够了。

（2）硬慢速系统：如上。

（3）软实时系统：平均时间就足够了，实际性能和预测性能间的差距一般不会造成问题。

（4）硬实时系统：必须使用最坏情况的数字（对于关键系统而言至关重要）。

硬实时系统中还有一个子类，可以容忍偶尔错过截止时间（也被称为硬截止时间），在这类系统中可以根据特定的应用决定如何使用手中的数据。

11.5   操作系统性能和综合基准测试

11.5.1   概述

代表性基准测试的结果可以帮助我们设计高效和高性能的多任务系统。但是这些数据过于具体，它们只能测量个别的 RTOS 功能，这限制了它们的用途。真实的系统会组合这些 RTOS 功能，当然功能之间的交互也可能很复杂。要回答的根本问题是：系统能否在截止时间前完成任务？换言之，任务代码和 RTOS 功能的组合能否满足我们对速度的要求？只有实际构建并测试系统才能真正回答这个问题，但这种方式的缺点是只能在事后进行分析，发现系统性能远远不能满足要求时就太晚了，我们所需要的是一个一般性的基准测试：

（1）并不特别基于一类应用。

（2）提供关于多任务设计的一般性指导。

（3）帮助确认时间关键的操作。

（4）指出针对特定内核优化性能的方法。

《Hartstone：针对硬实时系统应用的综合基准测试要求》是开发这样的基准测试过程时的重要参考。虽然它的应用并不广泛，但是其中的基本理念是经过深思熟虑的，开发多任务设计时可以参考这篇文章制定公司内部的指导方针。

【译者注】 《Hartstone：针对硬实时系统应用的综合基准测试要求》（*Hartstone*：*Synthetic Benchmark Requirements for Hard Real-Time Applications*）原文可从下面网址获得：https://dl.acm.org/doi/abs/10.1145/322837.322853。

Hartstone 测试中有 4 个关键部分：基础要求、测试类别、基线（参考）测试数据和压力测试方法。下面逐个进行讨论。

RTOS 综合测试的核心组成如图 11.16 所示。

11.5.2   基础要求

（1）行业特定。

所有测试都必须和应用的行业相关，对于实时（特别是嵌入式）系统而言，这包括周期和非周期任务的执行、中断驱动的动作、任务同步和互斥功能。

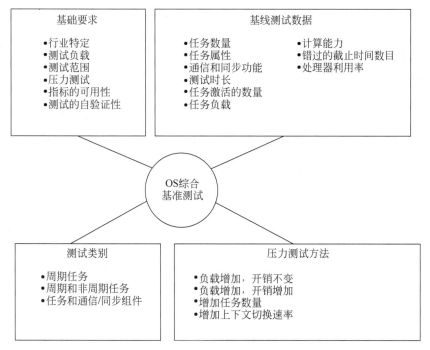

图 11.16　RTOS综合测试的核心组成

（2）测试负载。

选定的测试负载必须能代表应用行业中的典型负载。

（3）测试范围。

测试必须包含从简单到复杂的任务,从而涵盖不同的功能。

（4）压力测试。

测试必须能够在系统上施加压力,从而指示系统的极限(以错过的截止时间衡量)。

（5）指标的可用性。

测试取得的数字必须能分开任务和 OS 开销,这些数字应该能作为预测系统性能的基础。

（6）测试的自验证性。

每个测试能够独立产生所有必要的结果数值。

11.5.3　测试类别

本节给出针对实时系统的一些测试的一般定义,它们的目的是展示特定多任务功能对系统性能的影响。多数情况下,相关的信息可以通过比较两个以上的测试结果得到,这也是使用一个测试套件的好处之一。下面会讨论的测试类别包括周期任务(谐波频率)、周期任务(非谐波频率)、周期和非周期任务、周期任务进行通信/同步、周期和非周期任务进行通信/同步。

这些类别基于 Hartstone 基准测试,但和 Hartstone 并不是完全一致的。

(1) 周期任务(谐波频率)。

这个类别中任务周期性执行,执行频率间为整数倍数关系。这可以是简单倍数关系(10Hz,20Hz,30Hz 等),也可以是对数关系(1Hz,2Hz,4Hz 等)。这样的任务组成有两个好处:调度最为简单(一般使用简单轮询调度);综合性能较好。

(2) 周期任务(非谐波频率)。

虽然我们更想看到谐波任务集,但真实情况往往没有这么理想。举例来说,闭环控制系统中的采样速率就和带宽、反应速度及稳定性等因素有关。

当任务不在谐波频率上时,必须使用更加复杂的调度器,开销也因此增大。实际环境中这样的情形要比使用简单轮询的情形常见得多,这意味着这一组测试的结果往往更适合预测实际性能。

(3) 周期和非周期任务。

当需要快速响应和较低开销时,必须使用中断来驱动非周期任务的执行。只能从统计学角度描述这些任务,但它们往往有非常具体的响应时间需求。这一组测试能够突出随机输入对预定义的调度计划的影响(以错过的截止时间衡量),帮助我们确定分配给周期任务的处理时间比例。

(4) 周期任务进行通信/同步。

通信和同步都可能导致性能降级,特别是优先级反转发生时。评估一组周期任务时最容易看到它们的影响(和第 1 类测试结果进行比较)。这一组测试还能帮助设计者评估任务通信和同步的不同方法。

(5) 周期和非周期任务进行通信/同步。

这些测试将前面测试过的功能组合在一起,从而更加彻底地测试 RTOS。这些测试稍作修改就可以用来测试实际的系统。

11.5.4 基线(参考)测试数据

为了进行压力测试时有所参考,每一组测试都需要一个基线。建立基线时需要考虑下面的因素。

(1) 任务的数量、属性和处理器的任务负载。

(2) 通信和同步功能。

(3) 测试时长、任务激活的数量、处理器利用率和错过的截止时间数目。

(4) 计算能力。

计算能力是指使用简单顺序处理(没有多任务处理)时系统的吞吐量,在 Hartstone 套件中用"千 Whetstone 指令/秒"(KWIPS)为单位衡量,单个任务运行一次的负载可以用 KWI 表示。任务的计算负载总量可以通过任务负载乘以任务频率得到。将所有任务的负载加在一起就可以得到处理器的负载总量,然后就可以计算处理器的利用率。图 11.17 所示的是一个特定测试的数据,以及处理器负载的计算。

基线测试：周期任务(谐波频率)
测试时长：1s
计算能力：1500KWIPS

任务	频率	任务负载/KWI	系统吞吐量/KWIPS
任务1	80Hz	1	80KWIPS
任务2	40Hz	1	40
任务3	20Hz	20	400
任务4	10Hz	10	100

系统吞吐量 = 80 + 40 + 400 + 100 = 620(KWIPS)

外理器利用率 = 620/1500 ≈ 0.413(41.3%)

图 11.17　RTOS综合测试——基线数据

在基线测试中所有测试都应该满足截止时间,这样在进行压力测试时就能知道导致错过截止时间的条件。

11.5.5　压力测试方法

为了进行压力测试,需要寻找将系统推向极限的方法(极限在这里的定义是任务开始错过截止时间)。本节讨论的方法能够评估设计对下述参数的敏感度：

(1) 负载。

(2) 开销(测试运行产生的开销)。

(3) 任务数量。

(4) 上下文切换速率。

尽管当一个参数变化时应该尽可能保持其他参数不变,但有时这完全不可能,分析测试结果时需要记住这一点。当错过截止时间时,最重要的数据是处理器利用率(U),U 值的集合可以作为性能指标参考。

(1) 负载增加,开销不变。

这类测试的目的是凸显系统对负载增加的反应。

- 常量：任务数量、任务周期。
- 变量：总任务负载——从基线数值逐渐增加。

(2) 负载增加,开销增加。

这类测试的目的是评估 OS 开销对系统性能的影响,和第(1)类测试比较可以得到结果。

- 常量：任务数量、任务负载。
- 变量：任务频率、总任务负载——从基线数值逐渐增加。

（3）增加任务数量。

这类测试的目的同样是评估 OS 开销对系统性能的影响。不过和（2）相比我们希望能回答另外两个问题：上下文切换时间和任务数量有关吗？系统对同步/通信的增加是否敏感？

- 常量：任务频率、基线任务负载。
- 变量：任务数量、同步和通信组件——从基线数值逐渐增加。

（4）增加上下文切换速率。

这类测试的目的是评估上下文切换速率对系统性能的影响，因此需要在增加开销的同时保持负载不变。

- 常量：任务数量、任务负载，除了测试任务以外的任务周期。
- 变量：测试任务频率——从基线数值逐渐增加。
- 简单的测试方法会导致负载的增加，为了降低对结果的影响，必须为测试任务分配非常小的负载（小于总任务负载的 1%）。

测试的细节取决于基线测试的特性和范围。

11.6 回顾

通过本章的学习，应该能够达到以下目标。

- 了解基准测试的概念和目标。
- 理解 Dhrystone、Whetstone、SPEC 和 EEMBC 基准测试的一般测试原理和方法。
- 意识到计算性能基准测试结果和实际 OS 性能的区别。
- 知晓连续和并行软件中开销的来源。
- 熟悉任务管理函数引发的开销。
- 懂得任务间通信、互斥和内存操作会导致开销，有时开销会非常明显。
- 清楚地理解当计算机性能对设计至关重要时，任务数量必须保持在最低水平。
- 知道 OS 代表性基准测试能提供什么信息。
- 明白 RTOS 综合测试是什么，为什么使用它们，它们的目的和它们产生的结果。
- 能够通过综合测试方法制定测试策略。

第 12 章

多任务软件的测试和调试

本章目标

- 为什么以及如何测试多任务软件。
- 为什么测试并发软件不同于测试顺序软件。
- 具体需要进行哪些测试以及测试结果能告诉我们什么。
- 为什么应该投资于支持多任务软件测试的开发环境。
- 如何使用开发环境中的工具。

12.1 场景引入

现在已经完成了设计和编码,并且所有代码都已正确编译。下一步该做什么?检查软件在目标系统中运行时的行为。现在,做两个假设。首先,已经能够将每个任务的代码作为一个正常的顺序单元进行测试,并且一切看起来都是正确的。其次,没有任何特殊的工具来帮助测试并发(多任务)软件。

你可能想应用"大爆炸"方法,下载所有代码,开始执行程序,然后祈祷一切正常。我只能说这不是一个好主意,失败项目的历史会告诉我们这种方法有多糟糕(但并没有阻止人们这样做)。我们需要的是从最简单的基础级开始的增量测试技术。这意味着,所有硬件都能正常工作,并且所有初始化都完成了,必须以这些条件作为前提,否则测试应用程序毫无意义。

在将应用程序代码加载到目标机之前,需要仔细规划测试策略。任务不是孤立的单位,它会与其他任务相互作用,这使问题变得复杂。这时任务图示就可以展现它真正的价值了,因为它让用于交互的组件变得可见。使用这些信息,可以设计各种方法,通过预先设置交互值来隔离地测试每个任务(这相当于正常顺序程序中的插桩测试)。如果任务是动态复杂的,除非愿意花费大量的时间进行测试,否则必须开发一套测试程序。这也意味着任务代码必须以某种方式工具化,从而增加了开发项目的时间和难度。

现在进入第一次执行完整系统测试的阶段,测试有以下三种可能的结果。

(1)一切正常。

（2）似乎都运行良好，但存在或可能存在潜在的缺陷。

（3）运行时存在问题。

鉴于使用的工具处于原始水平，结果（1）和（2）在我们看来是完全一样的。只能说软件的行为在功能上和时序上似乎都是正确的。但即便如此，还有很多事情是我们不知道的。例如：

（1）这些任务的实际运行时行为是什么？

（2）精确的任务执行时间（包括每次运行的变化）是多少？

（3）短期和长期的任务利用率是多少？

（4）内存是如何被使用的？是否存在非法访问？

（5）堆栈的使用是否在预期的限制范围内？

（6）是否有潜在的问题给日后留下隐患？

现在考虑存在运行时问题的情形。

（1）问题是什么？

（2）造成这些问题的原因是什么？

（3）涉及哪些任务？

（4）是设计、实现还是运行时问题？

（5）我们需要做什么来解决问题？

（6）我们如何才能确定问题真的解决了？

如果这都不能让你相信优秀的分析和测试工具可以真正帮到你，那么就没有什么能够做到了。

12.2 测试和开发多任务软件——专业方法

12.1 节的核心信息既简单又重要，测试多任务软件比测试顺序程序更具挑战性。永远不要忽视这样一个事实，我们的工作就是交付这样的软件：

（1）功能正确（"产生正确的结果"）。

（2）时序正确（"在正确的时候产生结果"）。

（3）在计划时间之内。

（4）在预算之内。

成本、时间和可靠性的综合压力催生了针对 RTOS 的设计和开发工具的市场需求，这也是 RTOS 供应商乐于提供的。当使用一个更全面的工具集时，多任务软件开发通常遵循如图 12.1 所示的过程。这里隐含的前提是系统和软件设计（到任务级别）已经完成。现在的目标如下：

（1）生成、编译和测试每个顺序程序单元的源代码（例如任务、ISR 和对象等）。这是在主机上进行的。

（2）在基于主机的 RTOS 仿真环境中验证多任务操作（很少有供应商提供这种工具）。

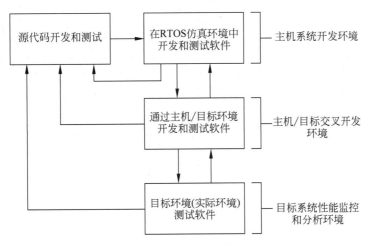

图 12.1 实时多任务软件开发过程

和前面一样,这也是在主机上完成的。

(3) 逐步将软件转移到目标系统中进行测试,并在需要时开发新的软件。进行测试以确保每个增量能正常工作。为了实现这些目标,主机和目标环境都需要。

(4) 测试软件在目标系统中运行时的真实行为。主机在这里主要用于性能监控和分析。

RTOS 的集成开发环境(IDE)链接开发过程的所有组成部分,如图 12.2 所示。在实践中,设计人员使用熟悉的多窗口显示(通常基于 Windows 或 Linux)与开发环境交互。IDE提供了以下三组开发工具。

(1) 仅使用主机系统设施(主机系统开发工具)。

(2) 同时使用主机和目标机系统工具(交叉开发工具)。

(3) 用于目标系统性能监控和分析(同时使用主机和目标设备)。

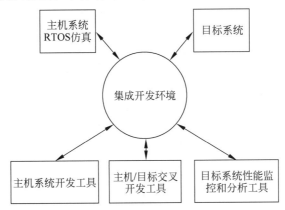

图 12.2 多任务软件集成开发环境

首先是主机系统开发工具套件,如图 12.3 所示,这些工具分为两大类:源代码开发和运行时分析。

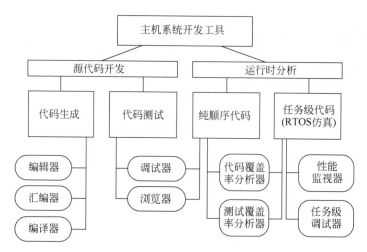

图 12.3 主机系统开发工具套件

源代码开发有两个组成部分：代码生成和代码测试。代码生成需要使用汇编器、编译器和编辑器。代码测试通常由源代码调试器和源代码浏览器支持。某些特定的程序套件，还可能提供用于目标代码反汇编的工具。现代的商业 IDE 通常包含所有的这些工具，而且这些功能通常已经很好地集成在了一起。

运行时分析通常在两个层次上进行。第一阶段，也是最简单的，评估每个任务的顺序代码（这和源代码测试之间并没有明确地划分，取决于测试策略）。在这个阶段，代码和测试覆盖率分析器都可以使用。第二阶段分析发生在任务级，包括调试和性能监控。在实际中可以实现多少，很大程度上取决于 RTOS 模拟器的质量，一个好的模拟器应该包括图 12.4 列出的大部分监控和交互功能。

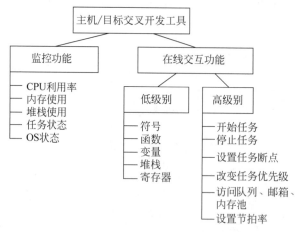

图 12.4 主机/目标交叉开发的功能

这里的监控功能允许开发人员深入查看目标系统的整体行为、应用程序代码的执行过程、资源使用情况（例如 CPU 利用率、内存使用等）、操作系统的活动。

为了达到调试和测试的目的,提供了一组在线交互功能。低级别工具应用于源代码的详细项目和处理器本身,因此交叉开发工具必须是可配置的,它们需要考虑项目所使用的编程语言、编译器和 CPU 类型。

高级别的工具使设计人员能够在多任务级别开发和调试应用程序,图 12.4 中所指出的要点不言而喻。

开发的最后阶段涉及目标系统在真实环境中的测试,其主要目的是确保系统在部署到现场时可以满足设计目标。从实际的角度来看,这种测试会从模拟现实世界系统的实验室开始。在此期间,主机和目标系统互连,来自目标的数据被上传至主机(一种监控功能)。信息可以实时显示或存储以供后续处理。从图 12.5 中可以看出,需要解决两个不同的问题:RTOS 行为和应用程序性能。

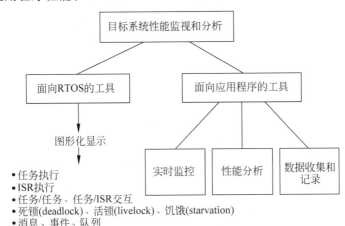

图 12.5　评估目标系统行为

这是两个独立但又相互关联的问题,一个问题的变化很可能会影响另一个问题,因此必须以综合的方式对它们进行评估,而不是把它们当作孤立的个体。

面向 RTOS 的工具相当普遍,信息通常以图形形式显示,当然也支持文本,它从任务模型的角度展示了系统的行为,其中的重点是:

(1) 任务和 ISR 的时序行为。

(2) 由任务/任务,任务/ISR 交互(例如同步、抢占等)引起的影响。

(3) 与资源保护特性相关的问题(如优先级反转、死锁、活锁等)。

(4) 任务间通信导致的开销和延迟。

显而易见,如果 RTOS 的性能很差,那么应用程序的性能也会很差。但是,如果 RTOS 的性能很好,却并不意味着应用程序的性能也会很好。应用程序的性能好坏完全取决于应用程序软件的结构和设计的优劣。分析和评估应用程序性能的关键是使用图 12.5 中展示的面向应用程序的工具。这些功能强大且灵活的"逻辑分析仪"使我们能够对目标机进行探测,因此所有的数字化实时信息都可用于显示和分析,并最终可以使用这些信息。这一切最终取决于设计人员的目标以及测试工具的能力。

12.3 在目标机内测试——实用工具功能

12.3.1 概述

到目前为止,所讲到的这些都称为"核心工具集"。虽然有一个标准的通用工具集很好,但这在现实世界中是不可能的,原因有三。

首先,要在目标系统中使用,需要根据 RTOS 的类型、微控制器/微处理器的类型、编程语言进行调整。这只是最简化的情况,可能还需要考虑更多的特性,例如是否有 MMU 和 MPU 等。

其次,该工具必须知道应用程序设计的许多细节,包括标识符以及位置,比如任务及其类型(包括 ISR)、互斥组件(信号量、互斥量、监视器)、任务间通信组件(内存池、标志、通道和邮箱)、指定的存储区域。

最后,收集和显示目标运行时信息的方法必须适应运行时环境。应牢牢记住,只有在工具不干扰程序执行的情况下,结果才是可信的。换句话说,工具必须是非侵入性的。

大多数实用工具属于以下类别之一。

(1) 使用专用的控制和数据收集的设备。

(2) 使用目标芯片上的数据存储方法。

(3) 使用主机系统的数据收集和存储设施。

请记住,重点是要准确看到目标系统在执行其工作时发生了什么。简言之,软件是否能够正确、及时和安全地运行? 它是否符合设计规范? 它是否有不需要的、不可预测的或未指定的行为? 要回答这些问题,需要观察软件执行时的状态。相应的信息需要以一种有效、清晰和易于理解的方式来呈现。毫无疑问,最有效的方法是以图形化的方式显示信息,大多数工程师都非常喜欢这种方式。一些有代表性的显示如图 12.6～图 12.10 所示(由 Percepio AB 提供的 Tracealyzer 工具生成)。

图 12.6 中显示了目标系统行为,包括任务发生、执行时间、系统事件、中断和用户事件。图 12.7 展示了目标系统行为的另一种视图,即"水平跟踪视图"(Horizontal Trace View)。

对于高响应的系统,一个关键的性能度量是处理器利用率或负载。通常显示为图 12.8 所示的 CPU 负载与时间的关系图。请注意,图中还标识了每个时间段中提高了总体负载的并发单元。

查看通信和保护组件的交互也很有用,如队列和信号量的交互。在 Tracealyzer 工具中,这些组件被称为"内核对象",这种交互被称为"事件"。图 12.9 展示了在特定时间中捕获的消息传递的信息。它既能以列表方式显示,也能以发送到特定队列的消息的时间跟踪方式显示。

最后,在处理既有的系统时,逆向工程任务图可以提供巨大的帮助,如图 12.10 所示。

有许多商业工具可以帮助测试和开发多任务系统设计。一般来说,针对 RTOS 的工具产生的信息与此处显示的类似,但它们的具体操作和显示特性差异很大。

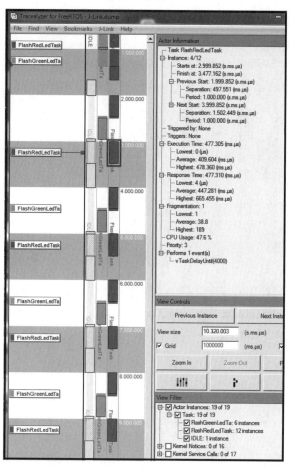

图 12.6　显示样例——目标系统行为 1(来源：Percepio AB)(见彩插)

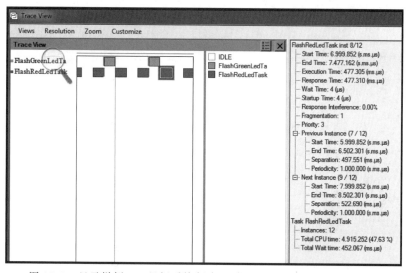

图 12.7　显示样例——目标系统行为 2(来源：Percepio AB)(见彩插)

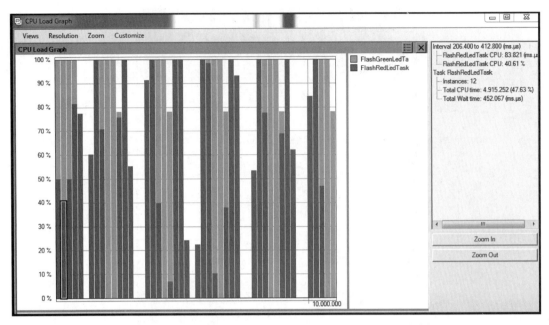

图 12.8　显示样例——CPU 负载图（来源：Percepio AB）（见彩插）

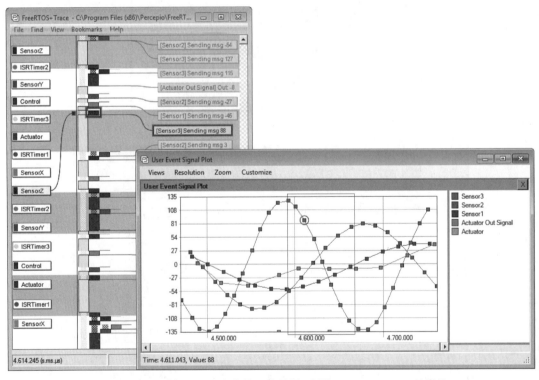

图 12.9　显示样例——用户事件和信号图（来源：Percepio AB）（见彩插）

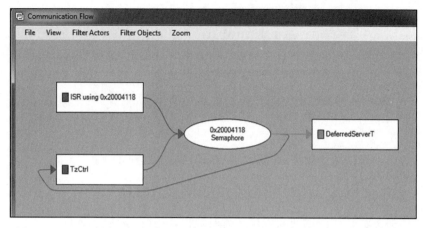

图 12.10　显示样例——通信流图（部分任务图）（来源：Percepio AB）（见彩插）

12.3.2　使用专用的控制和数据采集工具测试 RTOS

图 12.11 是使用专用的硬件工具对多任务软件进行系统内测试的关键部分。图 12.12
是一个商业工具的示例。

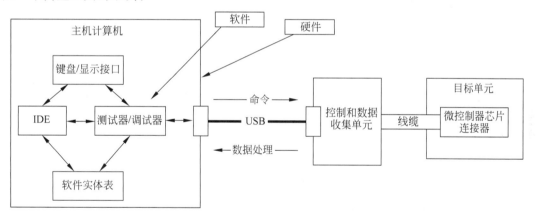

图 12.11　使用专用的控制和数据采集工具

图 12.12　专用数据采集工具的示例——Green Hills Probe 3

从图 12.12 中可看出,该工具(调试器)是通过插拔式接头连接到目标机的。

在典型的测试中,用户通过主机 HMI 设置所需的测试条件。命令被下载到调试器,所有实际的运行时测试都由调试器自身处理。在测试运行期间,原始数据由调试器采集、存储并加上时间戳。稍后根据需要将处理后的数据上传到主机。在许多情况下,专业软件包,即图 12.11 中的"测试器/调试器"被用来处理所有的控制、数据采集、数据处理和显示操作。通过分析存储在软件实体表里面的信息,工具能够理解从目标系统中获取的原始数据。

这类软件是由调试器的制造商作为工具包的一部分提供的。

12.3.3　使用片上数据存储方法测试 RTOS

这里使用的方法是在测试期间收集运行时数据,将其存储在片上 RAM 中,然后将其传输给主机。通常使用一个成本相对低的外部接口单元处理主机和目标单元之间的通信,如图 12.13 所示。

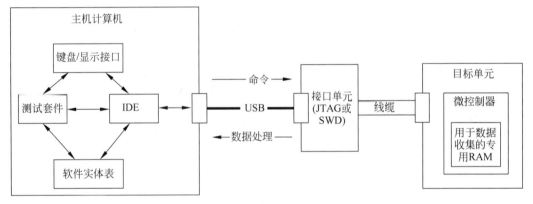

图 12.13　使用片上数据存储的 RTOS 测试

大多数接口单元都遵循 JTAG IEEE 1149.x 标准。许多还支持 ARM 特定的串行线调试(Serial Wire Debug,SWD)技术。设备之间的所有通信都是使用 IDE 软件处理的,通常是制造商指定的。测试套件与 IDE 集成,而基于目标的命令与应用程序代码一起编译。在某些情况下,SWD 软件主要用于处理与目标机的简单串行通信。在其他情况下,它提供完整的片上调试(on-chip debug,OCD)工具,可扩展 JTAG 调试器的功能。

总体测试实践和原则与专用收集单元非常相似。但请注意,目标 RAM 的大小限制了一次可以收集和分析的信息量。

一些标准的开发板集成了 JTAG 接口,提供了非常低成本的系统测试和调试工具。此外,市场上还有可以实现 JTAG 接口的芯片。

12.3.4　使用主机系统数据存储设施测试 RTOS

严格来说,这种测试方法依赖于两个因素:提供片上调试逻辑和将收集到的数据存储在主机系统上。进行这类测试所需的硬件见图 12.14,与图 12.13 完全相同。当然,不同之处在于不使用片上 RAM 来存储完整的运行时数据。相反,这些数据是在 OCD 逻辑的控制下收集的,并传送到主机进行存储。

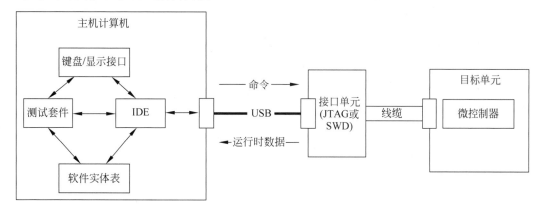

图 12.14　使用主机系统数据存储设施进行 RTOS 测试

通过这种安排,在发送到主机之前只有相对少量的实时跟踪数据存储在目标机中。这对非侵入式实时检测有重要意义。除非调试和数据传输都足够快,能够跟上程序全速执行的速度,否则可能无法做到这一点。

主机上的 IDE 提供了支持主机和目标系统之间通信的所有软件。

图 12.15 给出了这三种方法的简要比较。

技术	专用数据采集单元	片上数据存储方法	主机系统数据存储
优势	1. 完全非侵入。 2. 能够收集大量的数据。 3. 不需要片上设施	1. 完全非侵入。 2. 低成本方法。 3. 使用更简单的串行接口:JTAG或USB	1. 如果IDE包含调试工具,成本会很低。 2. 提供片上接口,不需要外部接口单元。 3. 在许多情况下,芯片内存储器的使用极少
劣势	1. 相对比较贵。 2. 目标处理器的数量受调试器可用性限制。 3. 不是任何时候都可以通过微控制器外部引脚访问内部数据	1. 使用目标系统的RAM,这会有两个结果: ① 只有当目标有足够的空闲内存才可用; ② 收集的数据量受RAM大小的限制。 2. 可能需要片上调试的支持	1. 需要片上调试的支持。 2. 很难做到完全的非侵入操作,除非: ① 大量使用了片上存储; ② 数据跟踪信号能够实时收集和传输到IDE

图 12.15　RTOS 测试方法的概要比较

12.4 目标系统测试——实用要点

12.4.1 介绍

请注意,下面是本节的概述,而不是详细的教程。

先从一个简单但重要的问题开始,我们到底用这个工具做什么?答案是:这取决于所处的工作阶段,见图 12.16。虽然这是一个简化的视图,但确实体现了工作过程的关键方面。

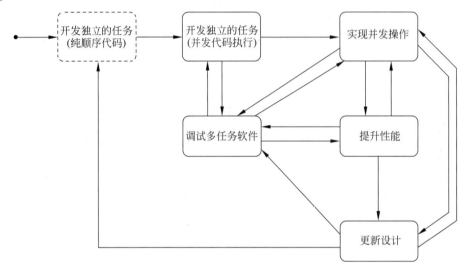

图 12.16 测试和调试工作阶段

那么在实践中这是如何工作的呢?思考图 12.17 中的任务图所描述的设计,将它作为参考系统。该系统的目的是控制两台船用推进电机的功率和扭矩,这些是由预设参数定义的。现在看看如何测试这个系统,从评估单个任务的并发操作开始。

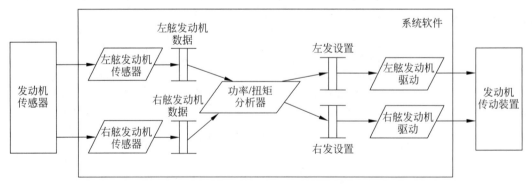

图 12.17 参考系统 1 任务图

12.4.2　测试单个任务的并发性

虽然关于单个任务开发的问题已在前面强调过,但还需要强调以下三点。

首先,应尽最大努力消除任务代码中的错误。这意味着代码已经进行了严格的测试,包括静态和动态分析。通过这样做,我们非常确定后面出现的问题是多任务方面的问题(尽管在软件这方面没有什么是100%能确定)。

其次,如果它是一项内部任务(如"功率/扭矩分析器"),那么可以将功能测试纯粹作为软件活动进行。例如,可以通过以下方式来测试此任务:

(1) 将测试数值加载到引擎数据通道中。

(2) 在RTOS的控制下运行任务。

(3) 测量传送到设置通道的数值。

(4) 将这些值与预测值进行比较。

最后,如果是与现实世界交互的任务(例如左引擎传感器),则测试必须使用外部硬件,这样做非常重要。在接近真实系统之前,必须对自己的软件充满信心。现在,关于测试硬件的一个重要问题是:它们有多复杂?不幸的是,这个问题没有现成的答案,完全取决于工作的性质。例如,基本的非关键系统的输入可以使用来自开关和电位器的输入进行测试,输出被传送到LED、柱状图、模拟仪表等。对于更复杂的系统,可能需要构建模拟真实系统的完整测试平台。在许多情况下,可以使用软件产生的输入来测试系统,但是这只能被视为硬件测试的基石。

12.4.3　实现和测试并发操作

在实现和测试并发软件时有两个目标。首先,要验证系统的整体功能行为。其次,希望收集有关处理器使用情况和与时间相关的活动的数据,关注点包括:

(1) 任务执行时间和时间变化(特别是最坏情况下的执行时间)。

(2) 任务间的通信活动。

(3) 互斥功能的正确操作。

(4) 任务间交互的影响。

(5) CPU负载。

(6) 软件和硬件产生的中断操作。

(7) 非周期信号产生的影响(如果有关联)。

这时,真的需要一个好的RTOS感知和测试工具。

现在来说说RTOS测试的主要原则:不要临时抱佛脚,不要走一步看一步,在实现设计之前,准备一组深思熟虑过的测试用例制定测试策略,每一种案例都应根据先决条件、目标和结果(后置条件)来定义。除此之外,很难给出通用的指南,因为这在很大程度上取决于各个系统的情况。但有一件事是清楚的,就是测试必须尽可能全面。

图12.17中的示例系统相对是比较简单的。现在来看图12.18所示的系统,它拥有更

多的外部设备、任务和任务组件,这将明显增加测试的工作量。这个系统实际上要复杂得多,因为它涉及重要的动态行为,见图12.19。

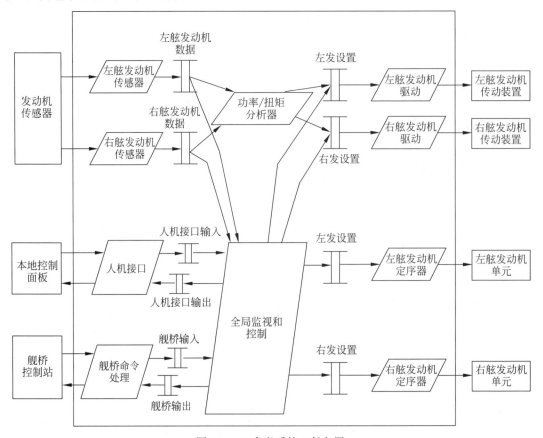

图 12.18　参考系统 2 任务图

这里使用状态图来详细说明全局监控和控制(Overall Supervision and Control,OSC)任务的动态行为。请注意,这仅描述了整体动态的一部分,整个系统要复杂得多。这意味着测试会变得更加困难,而且不会很快完成。注意,必须检查很多逻辑决策以确认设计在功能和时间上的正确性。

由于这种复杂性,所以使用软件生成的信号进行初始测试是很有意义的。如果适用,可以逐步扩展到外部硬件设备。最终,可以进入完全基于硬件的测试技术。

在这个特殊的例子中,可以通过以下方式测试 OSC 任务软件。

(1) 迫使它通过许多不同的分支路径。

(2) 然后检查结果响应。

(3) 将这些结果与预测结果进行比较。

通常这些是使用测试工具完成的。但是,与其修改源代码,更好的解决方案是使用一个测试任务。这个任务的主要要求是:

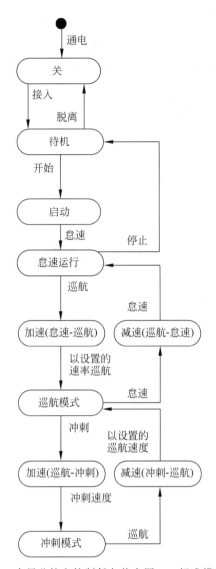

图 12.19 全局监控和控制任务状态图——标准模式(部分)

（1）停止和启动应用程序任务。

（2）从各种任务通信组件收集数据。

（3）将消息注入队列。

（4）控制保存在内存池中的数据。

（5）查询和控制信号量、互斥量和监视器。

（6）使开发人员能够通过屏幕/键盘控制测试过程。

重要的是测试任务本身对系统整体性能的影响应该最小，因此，它应运行在较低的优先级。

这种测试方法有两个主要优点。首先,没有必要对应用程序代码进行修改,因此被测试的代码与部署在最终系统中的代码完全相同。其次,测试任务软件可以在测试完成之后完全移除,或者任务本身可以被删除,如果将来有需要可以重新创建。

不要忘记,在目标内的测试工具是记录和显示运行时行为的关键。

注意,这个阶段可能会出现问题,这意味着必须进行调试。但如果遵循了前面给出的步骤,工作会变得容易得多。故障不太可能由单个任务的行为引起,这里主要怀疑的是与任务交互和时序有关的问题。调试可能是一个漫长而困难的过程。再一次强调:一个好的工具会使调试变得得心应手。

12.5　回顾

通过本章的学习,应该能够达到以下目标。

- 清楚地了解并行软件测试的目标,以及测试过程和使用的工具。
- 知道如何实施专业的测试制度。
- 理解主机、主机-目标、目标系统测试和开发环境的作用和用途。
- 清楚在监视和分析运行时代码时所使用的面向 RTOS 的工具与面向应用程序的工具之间的区别。
- 对监控和分析工具收集的目标运行时数据的性质和表示有一个大致的了解。
- 知道实用的目标工具有很多类,并能够选择最适合的开发工具。
- 能够为项目定义通用的测试和调试策略。
- 了解为什么在多任务环境中运行代码单元之前必须尽最大努力对其进行测试、验证和确认。
- 理解为什么测试和调试实现复杂逻辑的任务非常困难。
- 清楚测试任务对测试和调试过程有很大帮助。

第 13 章　在关键系统中使用 RTOS

本章目标

- 解释关键系统的含义。
- 介绍什么是安全完整性等级（SIL），SIL 与关键系统的关系，以及 SIL 如何影响 RTOS 的功能。
- 说明基于 RTOS 的软件系统中可能发生的问题和它们出现的原因。
- 讲解如何在高可靠性多任务系统中避免（甚至消除）这类问题。
- 详解静态和动态 RAM 使用，以及相关的任务堆栈概念（结构、用法和监控）。
- 描述看门狗定时器、独立看门狗定时器和窗口看门狗定时器在任务和非任务应用中的角色和用法。
- 详述分布式系统特有的问题和如何避免它们。
- 解释时间分区的概念及其如何分隔不同的软件过程。

即使你的工作和关键系统没有关系，本章中讲解的方法和技巧对编写可靠和健壮的软件也有诸多益处。

13.1　关键系统和安全完整性等级简介

先解释一下什么是"关键系统"。一种简单的定义是：失效会造成严重后果的系统（这是一个广义的定义，但是对本文的讨论而言足够了）。在一个理想的世界中，我们的设计不会失效，系统会非常可靠，但真实世界远没有这么仁慈，即使尽了全部努力，也不可能获得 100% 可靠性。系统失效总会发生，我们只能尽可能降低风险。

经验表明，正确的设计和构建技巧可以帮助我们实现更可靠的系统。随着可靠性目标的提高，相关的开发成本和代价也会增加。所以问题来了：在一个项目上能付出多少时间、精力和金钱呢？

回答这个问题的一个方法是分析系统的"关键性"，其中两个重要的因素是：①失效发生的可能性（概率）；②失效造成的影响的严重程度。

首先考虑如何描述失效的可能性，一个常见的方法是将失效分类，比如可分为以下几类。

（1）非常不可能：理想状况下失效应该完全不会发生。

（2）非常罕见：失效基本不可能发生。

（3）罕见：失效在系统的生命周期中不太可能发生。

（4）不太可能：在系统的生命周期中会有一次失效。

（5）可能：在系统的生命周期中会有多次失效。

接下来用数字来进一步解释这些分类。在一个安全关键的场景下，可以用失效率来划分它们，如图 13.1 所示。

失效可能性	可接受的失效率
非常不可能	⇧ 10^{-9}
非常罕见	⇧ 10^{-7}
罕见	⇧ 10^{-5}
不太可能	⇧ 10^{-3}
可能	⇧

图 13.1　失效可能性和对应的失效率

10^{-9} 失效率意味着 10 亿小时（约 114 155 年）的运行中会失效一次。

现在考虑失效发生的后果，根据失效造成的影响，可以定义一个通用的严重程度分类方法，如图 13.2 所示。大多数行业，如航天、汽车、铁路和医疗行业都有专门的分类方法。

严重程度	失效的后果
灾难性	可能造成人员死亡或者严重损害，例如车辆报废
严重	可能会造成人身伤害和较大损害
重要	可能会引起一些损害
次要	引起人员不适，打断正常运行

图 13.2　安全关键系统的严重程度分类样例

现在使用图 13.3 中的信息，可以回答诸如"如果我的系统在失效时可能会造成人身伤害和较大的财产损失，此种情况下什么样的失效率是可以接受的？"这样的问题了。

严重程度	次要		重要	严重	灾难性
失效可能性	可能	不太可能	罕见	非常罕见	非常不可能
可接受的失效率	========> 10^{-3} ===> 10^{-5} ======> 10^{-7} =========>10^{-9} =====>				

图 13.3　严重程度、失效可能性和失效率间的关系

数个行业标准将此类信息进行了标准化，它们的"祖先"是 IEC61508，其细节如图 13.4 所示，安全完整性级别（SIL）的概念是为了提供"一个安全功能可以达到的目标"。

失效可能性	频繁	可能	偶然	罕见	不可能	难以置信
可接受的失效率	===>10^{-3}	====>10^{-4}	===>10^{-5}	===> 10^{-6}	===> 10^{-7}=> 10^{-8}=>10^{-9}=>	
				SIL1	SIL2	SIL3 SIL4

图 13.4　IEC61508 对于安全完整性级别(SIL)的定义(连续运行模式下)

系统设计者完成了风险评估后就可以定义其 SIL 了。作为一个软件设计者,必须达到系统设计者定义的最低安全级别要求。可以选择的 RTOS 也自然会受到限制(甚至可能无法使用 RTOS),比如 FreeRTOS 并没有通过任何 SIL 级别认证,但是 FreeRTOS 的安全关键版本 SAFERTOS 获得了 IEC61508 SIL3 认证。

最后,注意如下几点。

(1) 本节是一个非常简短的安全系统介绍。

(2) 本节的目的是帮助你获得对安全系统的基础理解,特别是要理解 SIL 所扮演的角色。

(3) 数个科技行业在 IEC61508 的基础上定义了自己的标准,比如 ISO26262《道路车辆——功能安全》。

另外,如果你以为只有特种行业才需要安全关键系统,可以去看看 IEC60730《家用电器的安全标准》。

13.2　操作系统问题

关键场景中需要健壮可靠的操作系统,这一点即使对个人计算机用户而言也是如此。PC 的世界里有许多不同的问题,比如一个应用可能会突然退出并显示"程序进行了非法操作",让什么也没有做的你感到非常困惑。应用也许会在意想不到的时候自动启动,影响其他正在进行的工作。极端情况下,计算机可能会完全死机,导致必须重启系统(对笔记本计算机而言这可能会有点困难)。发生这样的事情显然会让你很生气,但是其后果不见得是有害的。对于关键任务系统而言这样的问题是无法接受的(对于一些人来说不是如此,某海军巡洋舰在机械/推进系统中使用了一个常见的商业操作系统,在海上试验中系统的失效导致巡洋舰失去动力,不得不被拖回海港)。

关键应用中的操作系统必须是健壮、可靠和可预测的。成功的关键是组合不同的故障预防和容错措施。首先,需要理解:故障为何会发生?故障是怎样发生的?一般来讲,故障可能从下面几个区域中产生。

(1) OS 软件自身,包括预装的软件组件(如设备驱动)。

(2) 应用软件,包括软件库和中间件。

(3) 硬件失效。

进一步讲,实践经验表明,软件系统的故障往往和下面几个因素相关。

（1）RAM 的不安全使用。

（2）处理器数据损坏。

（3）单核系统中任务的执行和交互。

（4）多核、多处理器和分布式系统中任务的执行和交互。

当然，真实世界没有那么简单，故障有时是这些因素的组合。

13.3　RAM 使用中的问题及补救措施

13.3.1　概述

一个任务由许多组件组成，关键组件如图 13.5（a）所示。我们主要讨论 RAM 存储，其用于保存任务、队列、内存池、信号量等易失性数据。RAM 还用于存放程序变量数据（例如整数、浮点值、数组等）。对于非关键设计，所有内存分配在程序或 RTOS 控制下按需执行。

前面讲解了使用任务堆栈的原因和方法。堆栈用于保存易失性数据，因此必须使用 RAM 构建。在创建任务时，必须指定堆栈使用的 RAM 大小，更准确地说，是保存堆栈数据所需的内存空间。调用 CreateTask 创建任务 API 的结果如图 13.5（b）所示。

图 13.5　从集中内存中为任务分配内存

每个任务都被分配了相应的 RAM 内存，用作堆栈，堆栈大小通常由任务创建函数 CreateTask 的参数指定。例如，在第 2 章的代码清单 2.1 中，相关定义及使用如下：

堆栈组件指针：OS_STACKPRT PanControlStack[50];
OS_CreateTask (…. PanControlStack ….)

该操作产生以下两个非常重要的结果。

（1）分配给任务的内存区域由 RTOS 软件决定，而非用户。

（2）分配是一个动态过程，在代码执行时完成。

因此，无法预测任务将使用哪些 RAM 区域，系统会根据实际程序代码，在处理器每次启动时决定。这将影响堆栈监控和良好性检查。

使用集中内存结构导致的各种内存使用中的问题，主要分为两大类：由于不良编程习惯导致的内存丢失和由于动态分配导致的内存耗尽，如图 13.6 所示。

下面详细研究这些问题，并分析如何解决它们。

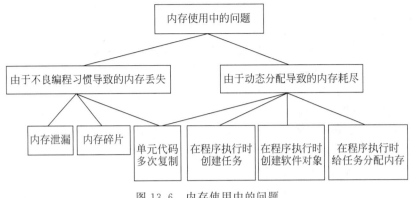

图13.6 内存使用中的问题

13.3.2 内存丢失

内存丢失表现为在软件运行时可用的 RAM 空间逐渐减少。引起该问题的根本原因是不良的编程习惯。经验表明,有三个众所周知的因素会导致内存的减少:内存泄漏、内存碎片和程序对象的多次复制。

1. 内存泄漏

第6章描述了内存泄漏问题,它是由于在程序执行期间未正确释放动态分配的内存。该问题减少了可用的 RAM 空间,在最坏的情况下可用 RAM 变为零(彻底的灾难)。所以当使用动态分配机制,如在 C/C++ 中使用 malloc() 和 calloc() 分配内存时,必须小心谨慎。这个问题有什么解决方法?监管此类操作的一种方法是使用垃圾收集任务,但这会降低多任务软件的时间性能,不适合在许多嵌入式系统中使用。另一种方法是将内存分配和释放操作的调用成对封装在一个程序单元,如函数中,确保释放操作得到执行。

2. 内存碎片

引起内存碎片的原因是缺乏内存分配控制策略。程序员对内存分配的唯一控制是指定要分配的内存量,其他分配工作由系统软件完成,这导致系统实际上可能有足够的 RAM 满足需求,但大部分由于碎片效应而无法使用(见 6.4.1 节)。

处理此问题的唯一合理的方法是使用 6.4.3 节描述的安全的内存分配策略。

3. 多次复制

多次复制并不是由不良的编程习惯造成的,更多的是无法理解复制程序项时会发生什么。对我们来说,两个最可能的罪魁祸首是子进程的创建和递归的使用。例如,在 C 和 C++ 中,在父进程中调用 fork() 会产生一个子进程,该子进程包含父进程所有内存段的副本。因此,如果使用 fork 时不够谨慎,它很快就会消耗大量内存。幸运的是这个问题并不常见,这个特定的 API 仅在相对较少的嵌入式操作系统中(例如 Linux、Windows IoT、Pthreads 等)使用。

递归是指函数重复调用自身(该术语还有更通用的定义,但这个定义足以满足目前的需要)。为什么使用递归?因为该技术可以以一种优雅的方式实现特定类的数学算法。但不幸的是,如 11.3 节所述,每次函数调用都会使用更多 RAM。因此在小型系统中,这会成为一个真正的问题。

综上,最好的建议是若想开发健壮的软件,就不要使用这些功能。

13.3.3 内存耗尽

导致内存耗尽的根本原因是在软件执行时动态分配 RAM。多任务系统中的动态内存分配在以下三种不同的活动中发生:①创建任务;②创建软件对象(如队列、定时器、信号量等);③在程序执行期间为任务分配内存。

这些活动本身没有问题。例如,它们在为台式计算机开发包含大量 UI 的应用软件程序时非常有用。此外,由于现代台式计算机/笔记本计算机都具有大量 RAM 内存,因此极少会遇到内存耗尽问题。但如果在资源受限的嵌入式系统中使用相同的方法,结果会非常可怕,所以尽可能不使用这些技术。

遗憾的是,动态分配无法完全避免,因此编程时要格外小心,要始终跟踪应用中的 RAM 使用情况。

13.4 堆栈使用

13.4.1 堆栈使用静态分配的 RAM

静态分配是指 RAM 在编译时而非任务创建时分配。这样的分配策略由程序设计者决定,而非系统软件。C 语言中一个常见的静态分配示例是使用关键字 static 为程序变量分配空间。

使用静态分配可实现一些更复杂的工作。

(1) 创建数据结构(例如数组、结构体)。

(2) 为该结构静态分配 RAM。

(3) 将此结构用作任务堆栈。

在此之前,先详细、直观地了解一下堆栈的操作。为简单起见,假设堆栈位于 8 位处理器上(即数据总线宽度为 8 字节),内存大小为 4KB,并且映射到 1000H～13FFH 的内存空间。

堆栈创建后的初始状态见图 13.7(a),此时堆栈为空。很明显这意味着此时堆栈中还没有存储任何数据,每个数据位必须处于 1 或 0 状态。内存位置 13FFH 被定义为栈顶(Top of Stack,TOS),1000H 为栈底地址。

堆栈操作通过称为堆栈指针(SP)的处理器寄存器实现。寄存器保存的数据用作堆栈 RAM 读/写操作的地址。在初始化操作期间,SP 被加载为 TOS 地址,在图 13.7(a)中为 13FFH,此时,SP 被称为指向 TOS。

图 13.7(b)显示了将 256 字节数据写入堆栈(称为压栈操作)。首先将数据的第一个字节写入堆栈,即处理器地址 13FFH,SP 内容递减为 13FEH,然后重复此操作,直到 256 字节

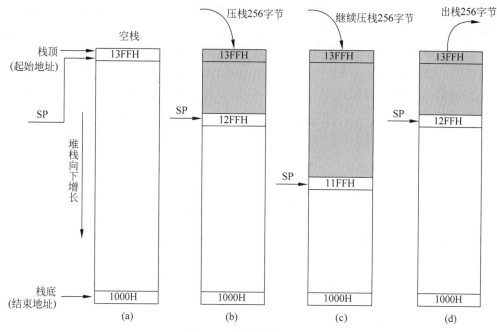

图 13.7　堆栈结构及使用

保存完成。此时 SP 值为 12FFH,成为新的 TOS。堆栈向下增长是指数据压栈时 TOS 逐渐接近堆栈底部。

　　图 13.7(c)演示了第二次压栈操作,图 13.7(d)展示从堆栈中读取/出栈数据。在数据开始读取之前,SP 指向 11FFH,如图 13.7(c)所示。为了读取第一个数据,SP 首先递增到 1200H,执行读取操作。最终,在 256 次读取完成后,SP 指向地址 12FFH,堆栈的尺寸"缩小"了。继续执行 256 次读取可将使 SP 指向 13FFH,即堆栈的起始地址。因此,从概念上讲,堆栈现在为空。另外,最后读出的数据项是第一个被保存的对象,因此堆栈是"先进后出"或"后进先出"(LIFO)结构。

　　堆栈操作的细节可能因处理器而异(例如堆栈向上增长),不过概念是一样的。

　　前面列出的动态操作如任务创建、软件对象创建和其他运行时内存分配的概念如图 13.8(a)所示。

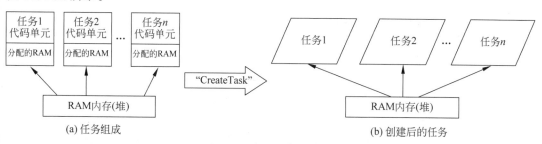

图 13.8　为任务静态分配 RAM

如图 13.8(b)所示,任务在创建后不占用任何堆空间,因此堆内存的大小在任务创建前后没有变化。

每个 RTOS 都有自己的静态分配实现方式。例如,ThreadX 使用内存池(pool)结构,其实现如下:首先,在 RAM 内存的指定位置创建一个固定大小的内存池;然后,在该内存池内保留预定义大小以用作任务堆栈;最后,创建任务(线程)并将保留的内存分配给该任务。

无须了解 ThreadX 的具体实现,下面给出的代码片段清楚地展示了该过程所涉及的通用原理。

1. 创建一个内存池

要求:创建一个 8KB 的内存池,内存起始地址为 1000000H,命名为 StackPool。

```
TX_BYTE_POOL StackPool; /* 声明一个命名的数据池 */
status = tx_byte_pool_create(&StackPool, "StackPool", (VOID *) 0x1000000, 8192);
```

2. 保留内存池的部分空间用于任务

要求:保留 8KB 内存池中的 4KB 作为 SensorTask 任务的堆栈。

```
char * pSensorTaskStack;
status = tx_byte_allocate(&StackPool, (void **) pSensorTaskStack; 4096, TX_WAIT_FOREVER);
```

3. 创建 SensorTask 线程

```
TX_THREAD SensorTask;
tx_thread_create (&SensorTask, "SensorTask", SensorTaskFunction, 0,
                  pSensorTaskStack, 4096, 1, 1, TX_NO_TIME_SLICE, TX_DONT_START);
```

13.4.2　改善堆栈可靠性

保存在任务堆栈中的数据(例如,任务上下文、函数参数等)是任务操作必不可少的部分。因此,任务结构、内容或使用的任何问题(最坏的情况下)都可能导致系统完全失效。因此需要保证堆栈:

(1) 首先可以使用,使用前测试。

(2) 在软件运行时可以继续安全地使用,在使用过程中进行测试。

下面描述的测试很容易实现,但功能有限。更多复杂的测试工作应留给操作系统来处理。在这种情况下,需要使用认证的 RTOS 用于安全关键工作。

1. 使用前测试

测试的目的是确认所有 RAM 位置无故障,即 RAM 完整性测试。测试方法是先将数据写入内存,然后将数据读回,并根据写入值检查结果("写入/读取/检查"过程)。这个过程有三种众所周知的技术:①简单的读写模式测试;②RAM 行走(Walking)测试;③RAM 行进(March)测试。

下面来了解一下这些实现。为了简单起见,假设测试一个字节宽度的 256 字节的 RAM 设备。

简单的读写方法使用图 13.9 所示的数据模式来测试内存。该序列只是将逻辑 1 和逻辑 0 交替写入每个存储位置,通过读回的值来检查内容。

在内存地址执行第一次写入/读取	0	1	0	1	0	1	0	1	55H

在同一地址执行第二次写入/读取	1	0	1	0	1	0	1	0	AAH

图 13.9　简单写-读数据模式

如果读取的值与最初写入的值匹配,则 RAM 工作正常。注意:此测试还检查每个位置是否受同行相邻位的影响。

此方法可在启动任务操作之前,用于验证堆栈区域能否正常工作。此外,对于单片微控制器,可以高度信任测试结果,因为所有测试活动都在芯片内进行,并且该设备之前已通过制造商测试。

所有 RAM 芯片本身的故障都会被 RAM 测试检测到。然而,如果使用外部 RAM,通过这个简单的测试无法发现某些地址总线故障,需要更严格的方法。其中两个最著名的方法是行走测试(见图 13.10,行走 1 测试示例)和行进测试(见图 13.11,行进 X 测试)。这些图表清晰地说明了测试功能,但请注意图 13.10 仅展示了对单个内存位置的测试,必须为 RAM 存储中的所有位置重复此测试。

内存地址第一次写入/读取	0	0	0	0	0	0	0	1
内存地址第二次写入/读取	0	0	0	0	0	0	1	0
内存地址第三次写入/读取	0	0	0	0	0	1	0	0
内存地址第四次写入/读取	0	0	0	0	1	0	0	0
内存地址第五次写入/读取	0	0	0	1	0	0	0	0
内存地址第六次写入/读取	0	0	1	0	0	0	0	0
内存地址第七次写入/读取	0	1	0	0	0	0	0	0
内存地址第八次写入/读取	1	0	0	0	0	0	0	0

图 13.10　行走 1 测试示例

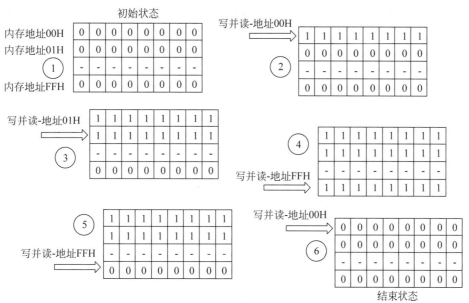

图 13.11　行进 X 测试

关于行走测试算法的说明,可以参考 https://forum. allaboutcircuits. com/threads/walking-ones-and-walking-zeros-algorithm. 6808/。

关于行进测试方法,可以参考文档 http://citeseerx. ist. psu. edu/viewdoc/download?doi=10. 1. 1. 461. 3754&rep=rep1&type=pdf。

2. 使用中测试

在任务运行期间执行 RAM 完整性测试相当棘手。所有使用的方法都是"破坏性的",测试会覆盖堆栈现有的内容。因此,如果开发自己的测试代码,这些测试必须无懈可击,否则堆栈数据很有可能在某个时候被破坏。如果发生这种情况,系统可能会出错,非常糟糕,而且非常迅速。最好的建议是什么?如果认为在运行时监控堆栈的完整性至关重要,请使用商业安全关键型 RTOS。对应普通 RTOS,可以处理两个特殊的运行时问题。第一个是将数据添加到满了的栈会造成堆栈溢出。第二个问题是堆栈下溢,溢出的逆过程,试图从空堆栈中出栈数据。溢出时,数据被写入不属于堆栈内存区域的地址。下溢时,读入处理器的数据与任务完全无关。在这两种情况下会发生什么无从预测,但结果总是不受欢迎的。

在使用静态分配机制时,监控堆栈使用情况相对简单。程序员在堆栈创建时设置 TOS 的地址;BOS(Bottom of stack,栈底地址)通过分配给堆栈的内存大小计算获取。这些数据是固定的,因此,通过使用 SP 地址值,可以验证堆栈何时变满或变空,并且随时计算堆栈中剩余的空闲内存。

如果堆栈大小配置正确,并且应用软件没有故障,则堆栈下溢或溢出问题不会发生。不幸的是,无法保证行为没有错误。因此,如果由于某种原因,SP 试图超出其有效范围,可以通过保护机制阻止未经授权的访问并触发异常。

此外,通过监控剩余堆栈容量,可以检测到溢出的可能性。类似于火车司机能够看到前方的缓冲区,估计距离并决定事情是否变得危险了。这让他有时间采取行动避免碰撞,该策略绝对比直接进入缓冲区效果更好。

13.5 运行时间问题

13.5.1 概述

实践经验表明,图 13.12 所示的以下三个因素是导致系统故障的主要原因。

(1) 未能满足截止时间或响应时间。

(2) 任务/应用与任务间的相互干扰(包括应用软件影响操作系统本身)。

图 13.12 运行时的任务问题

（3）任务的异常功能行为（包括完全失效）。

稍后将更详细地讨论这些问题，目前可以简单地总结如下。

（1）通过合适的任务分配和/或调度机制，可减少甚至某些情况下消除时序的问题。

（2）可使用保护机制来处理任务间干扰。

（3）可使用看门狗方法处理不可预测的功能行为。

有些机制是对早期方法的更新，然而，在关键系统的背景下需要重新审视它们。

在关键系统中，也可能会遇到由操作系统本身的设计缺陷而引起的问题。这超出了直接控制范围，因此要选择合适的RTOS。另外，分布式系统特定的某些故障模式将单独讨论。

13.5.2　截止时间和响应时间问题

下面讨论一个任务正常工作但未能满足其时间要求的案例。该系统会产生各种行为问题，例如任务执行时间的变化（抖动）、对外部请求的响应能力力差，以及不能按时交付结果。这些行为会导致系统性能下降，反应表现为：

（1）令人恼火的——UI交互反应迟钝。

（2）严重的——闭环控制系统的稳定性下降。

（3）灾难性的——不能及时生成重要的输出命令。

因此提高多任务系统的时序性能非常重要，主要有四种方法可以解决设计中的缺陷，如图13.13所示。

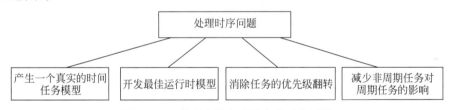

图13.13　处理多任务系统中的时序问题

1. 产生一个真实的时间任务模型

产生一个真实的时间任务模型，这意味着需要知道并记录：系统的时间需求是什么；怎样设计才能满足其性能目标。解决问题的关键是采用主动设计方法，将性能构建到系统中。如图13.14所示，该方法有以下的步骤。

（1）理解并量化系统的时间要求，这将涉及对现实世界的系统行为进行建模。

（2）设计任务模型，并为各个组成部分（如任务、通信组件、外部接口等）分配计划时间。

（3）在系统设计期间预测性能。

（4）如果不满足性能需求，修改设计并重新评估预测的性能。

（5）构建系统。

（6）测量性能。如果不满意，修改设计并重复上述过程。

在工作开始时，需求是我们的目的或目标，如图13.15所示。本质上目标就是目的，是想要实现但实际上尚未完成的事情。此类目标基于多种因素：估计、猜测和过去的经验。

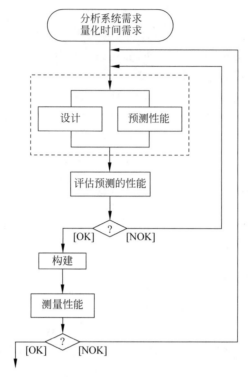

图 13.14　主动设计方法

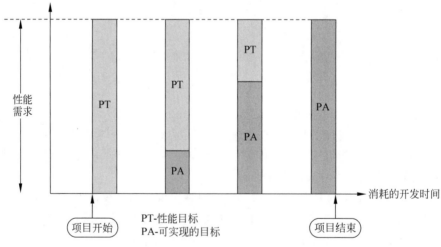

PT-性能目标
PA-可实现的目标

图 13.15　性能目标及可实现的目标

随着代码开发的进行,产生了关于可实现性能的限制。因此,未知量,即性能目标降低了。最后,当项目完成时,这些最初的目标已经被转化为可实现的目标,实际情况是可能无法兑现最初的承诺。

在开发过程中,很可能会有人反对这种三思而后行的方法,理由包括"需要的时间太长"

"成本太高""这不会改进我们的产品"等。

2．开发最佳运行时模型

理想情况下,在代码中实现的运行时模型在操作中要完全确定,在功能上要完全正确,且满足所有时间要求。但在实践中能达到什么样的目标很大程度上取决于以下两个因素。①定义的任务类型;②用于调度运行任务的算法。实际可控的选项如图13.16所示。

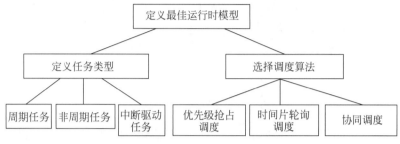

图13.16　定义最佳运行模型

在实际开发中,这项工作很可能与时间模型的开发并行地迭代完成。

当希望实现一个健壮的系统时:

(1)将所有任务设计为周期性任务,任务实现为无限循环。

(2)在可能的情况下,所有任务都应在激活后运行至完成。

(3)使用启发式(heuristic)和/或截止时间单调方法(deadline Monotonic methods)设置任务优先级。

与非周期性任务和中断驱动任务相关的问题将稍后讨论。

3．优先权抢占问题

在设计中始终使用优先级继承方法。

4．尽量减少非周期性任务对任务调度的影响

大部分多任务设计除了周期任务之外还有非周期性任务。如果没有精心设计,非周期任务可能会破坏系统的时间性能。这类系统面临的最大的挑战是评估任务的关键性和指定任务的优先级。在某些情况下,这可能是一件非常困难的事情(尤其是在还没有为系统生成一个真实时间模型的情况下)。但请记住,任何激活的非周期任务只能干扰较低优先级的任务,这可以为确定优先级决策带来帮助。

虽然非周期任务可以通过软件或硬件方式来激活,但这两种激活方式有着根本的不同。软件激活方式通常是运行时代码执行的某些决策的结果;硬件激活任务的运行是由于某些外部信号的发生(包括硬件定时器和DMA控制器等片上器件)。当由周期任务触发中断调用时,处理这些软件激活的中断稍微容易一些。从某种意义上说,这里的非周期任务并不是真正随机的。诚然,我们可能不知道它们是否会被激活,但是通过代码模型,可以确切地知道它们何时可能会运行。这将简化它们的优先级设置和相应的运行调度点之间关系的评估工作。

硬件激活的任务则完全不同。除了用于调用周期任务的定时器之外,这些信号是真正随机的。我们不知道它们什么时候会发生。而且很明显,随着非周期任务数量的增加,系统的时序行为会变得更加不稳定,并且更不可预测。此外,具有较长执行时间的硬件激活任务会对时间性能造成严重破坏。因此,当开始实现一个多任务设计时:

(1) 尽量减少设计中非周期任务的数量。

(2) 通过轮询信号而非中断方式,将真正的随机行为更改为软件世界的可预测行为。

(3) 如果需要使用硬件激活的中断,请使用延迟服务器方法。在这种情况下,ISR 应该尽可能短,大部分工作交由非周期服务器任务完成。

最后,处理器利用率应尽可能低,并始终测量实际的空闲时间,以便了解系统的实际行为。

13.5.3　减少任务之间的干扰

恶意程序或任务可以通过多种方式给其他任务带来问题,包括写入他人的数据区(例如 RAM 内存)、写入他人的代码区(例如 Flash)、将消息发送到错误的地址、读取/接收来自错误发送者的消息、发送不正确的消息、破坏共享数据项、对操作系统函数执行无效调用等。

为了防止错误的内存(RAM 及 Flash)访问,必须使用内存保护技术。在安全关键设计中必须使用 MPU 或 MMU。

处理执行任务间通信时遇到的问题的方法有多种,用于关键工作时较好的处理方法都具有以下共同特征,尽管它们可能在实现细节上有所不同,如图 13.17 所示。

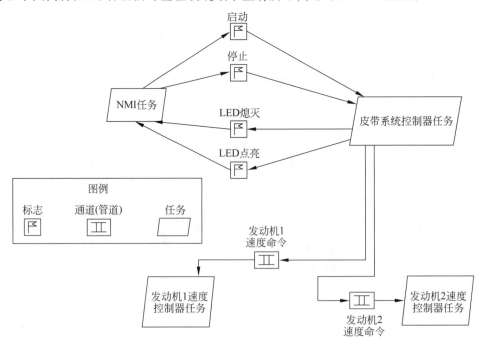

图 13.17　安全的任务间通信功能示例

(1) 任务应使用操作系统提供的通信组件进行通信,避免使用共享(公共)内存方式通信。

(2) 所有通信组件必须标注在任务图上,每个组件都必须明确标识。

(3) 尽可能以一对一的方式发送消息。每个组件必须在一对一信令中指定一个发送者和接收者。这为我们提供了用于任务间通信的安全通道。

(4) 操作系统必须能够检查无效信令。

注意:一些操作系统将通信组件作为任务本身的组成部分。在这种情况下,任务框图不会包含通信组件。此外,无须指定消息的接收者,它隐含在任务模型中。

通过使用互斥机制可以防止共享数据(例如数据池中)被破坏,可将这些方法应用于所有通信组件(标志除外)。

应检查应用软件对 OS 服务调用的正确性,例如调用者验证、参数检查、数值范围、数据长度、发送者和接收者之间的匹配等。最好所有错误处理由操作系统本身调用自动完成,通过集中操作保证此类问题得到解决。这也意味着可以强制执行内聚的、明确的和预定义的异常处理策略。集中处理的替代方案是将错误处理留给应用软件(通常调用返回的错误消息)。错误发生后的处理完全取决于应用软件,在最坏的情况下,应用软件会忽略错误消息,不执行任何处理动作。

使用操作系统提供异常处理还有其他优势。首先,操作系统可以自我监管。其次,它可以检查运行时组件的使用问题(例如,库应用程序编程接口的无效使用、子程序的重入等)。最后,它可以处理硬件产生的问题,例如,ADC 拒绝执行转换(这意味着对此类设备的访问是通过与操作系统集成的硬件抽象层进行的)等。

13.5.4 处理不可预测的功能行为

造成任务故障的三个主要原因:电磁干扰(Electro-magnetic Interference,EMI)、软件引起的问题和意外的硬件或软件故障。

首先,为简单起见,将 EMI 称为"电噪声"。就严重程度和频率而言,电噪声是最不可预测的因素之一。例如,在电噪声环境中,信号或电源线上的故障可能会破坏处理器寄存器值(包括程序计数器和堆栈指针)、Flash 或 EPROM 内容(包括程序的机器码)、RAM 内容。

在这种情况下系统会发生什么谁也说不准,软件也许会立即崩溃(即使代码完全无错误)。

其次是软件缺陷,众所周知的可能导致系统挂起的问题包括:

(1) 意外的无限循环。

(2) 指针滥用导致不可预知的内存位置跳转。

(3) 死锁问题(在多任务情况下)。

最后,各种意外故障会导致程序无限期等待。这发生在程序需要某些外部对象的响应时,当响应未能出现时就会无限期等待。示例包括:

(1) ADC 未能完成转换(硬件故障)。

（2）操作员没有提供键盘响应（错误行为）。

（3）网络连接失败（可能是由于硬件或软件问题）。

失败的根本原因是代码无法处理这些不可预知的问题，这是糟糕的编程带来的问题（有时似乎许多程序员将防御性编程视为一个陌生的概念）。

根据目前讲述的内容，我们可以断然地说：开发绝对无故障的软件系统是不可能的。诚然，我们努力打造完美的软件并没有错。但比这更重要的是处理故障的能力。这涉及两个重要步骤：检测实际发生的故障和采取适当的纠正措施。

目前，我们的关注点仅限于发现问题，如何处理问题取决于各个系统的需求。那么，该如何检测故障和错误？事实证明，检测的关键是首先指定可接受的任务或任务集的执行时间，然后监视运行时行为是否偏离目标值。为此可使用的最重要的工具之一是看门狗定时器（WDT）。

13.6　监控和检测运行时故障

13.6.1　看门狗定时器介绍

看门狗定时器（WDT）的用途是作为防止程序故障的最后一道防线，它通常由一个可重新触发的定时器组成，由程序写入命令激活（见图 13.18）。

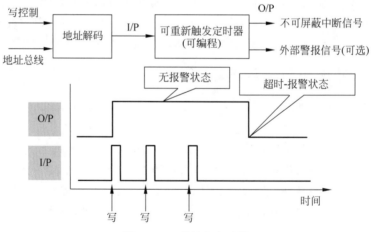

图 13.18　看门狗定时器

每次发信号给定时器后，它将被重新触发，输出保持在"正常"状态。如果由于某种原因定时器没有被重新触发，则会发生超时，输出进入报警状态。超时后通常生成一个不可屏蔽中断（NMI），启动恢复程序。在某些情况下，还会产生外部警告。特别是在数字控制系统中，会产生警告但不会产生中断；然后将控制器与受控过程隔离。

无须了解 WDT 运行的细节，但是了解 WDT 的工作过程可以更好地理解本节内容。在实践中，可重新触发的定时器通常是一个数字计数器，可以向上计数或向下计数，两种运行方式略有不同,图 13.19 所示是一个典型的向下计数的定时器。

(1) 具有在每个重新触发点重载计数值的计数器(重载值由代码定义)。

(2) 由精确的时钟源提供时钟。

(3) 仅在当前计数值到零时才产生警报。

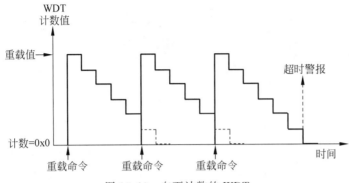

图 13.19　向下计数的 WDT

虽然看门狗定时器可以通过系统的硬件或软件实现,但系统中必须包含一个硬件 WDT。软件 WDT 应仅用作硬件 WDT 的补充,不单独使用。稍后再讨论这个话题。

在许多设计中,WDT 时钟由系统时钟提供。对于非关键应用,系统时钟可以满足需求,但对于关键应用来说并非如此。WDT 时钟使用系统时钟的致命弱点是,如果系统时钟出现故障,程序将停止执行,而且由于 WDT 计数也将停止,WDT 不会产生超时警报信号,因此这种行为不会被检测到。克服这个缺陷可以使用拥有独立时钟的 WDT,即独立 WDT (IWDT)。现代微控制器通常使用片上器件提供这样的功能。

13.6.2　在单任务设计中使用 WDT

本节讲述 WDT 在单任务设计中的使用,从此内容开始学习的原因有三个。

(1) 用一种简单的方式解释了 WDT 是如何为周期性和非周期性操作(比处理多任务设计容易得多)提供保护的。

(2) 突出了合适的 WDT 定时器配置的实用性。

(3) 它巧妙地展示了为什么多任务设计中使用的保护策略与单任务中有很大不同。

我们将研究四种操作场景:简单周期任务、简单非周期任务、简单周期和非周期任务以及简单周期与多个非周期任务。

1. 简单周期任务

假设我们的设计中包含一个具有以下属性的"任务":周期时间(periodic time,Tp)、执行时间(execution time,Te)、截止时间(deadline,Td),如图 13.20 所示。

现在的问题是"看门狗定时器超时时间设置多长合适?"。简而言之,在系统崩溃之前,可以持续运行多久? 这一切取决于我们希望检测的错误情况。例如,如果要求标记整个处理器故障(无论其原因),则超时时间完全由系统方面定义。以下示例准确说明了原因。

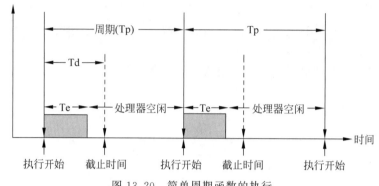

图 13.20　简单周期函数的执行

案例 1：制氧厂的高温报警功能。控制器监控工厂温度，并在温度过高时发出警报。这里重要的一点是，由于工厂的热惯性大，温度变化相对慢，因此，即使设备确实过热，也有足够的时间进行处理，不必很快做出反应。基于完全相同的原因，如果处理器系统故障，也不必立即做出反应，WDT 超时时间可以在秒区域内设置。

案例 2：使用先进的数字技术控制航空发动机。许多现代航空发动机的可控性只能通过数字控制器来实现。如果控制器出现故障，发动机将在 50ms 内出现问题。如果不采取预防措施，这些问题将导致发动机完全损坏。显然 WDT 应设置在 20ms 左右。

案例 3：车辆中的安全气囊控制。对于高度关键的操作，WDT 设置需低于 2ms。

现在有一个更有趣的问题：应该在代码中的哪个位置插入看门狗重载调用（踢看门狗）？在图 13.20 的周期函数中，最好将看门狗重载的动作插入代码单元的结尾，保证仅在代码运行到其终点时踢 WDT，当然，它不能保证代码已正确执行。然而，在其他位置踢 WDT 的方法可能不太安全。例如，考虑程序执行的驱动引擎是定时器驱动的 ISR。每次激活时，第一个动作是踢 WDT，然后继续执行代码。假设运行期间，在踢 WDT 之后和执行完成之前发生了错误，那会发生什么？这一切都取决于 WDT 的超时值。如果该值小于周期时间，则系统可以检测到该错误；如果 WDT 超时值大于周期时间，则：

（1）该函数将不断重新运行，但永远不会成功完成其工作；

（2）WDT 永远不会超时，永远不会产生警报。

因此，配置规则是：如果在执行开始时踢 WDT，应将超时值设置为小于周期时间。

2. 简单非周期任务

如前所述，非周期代码单元（为简单起见，称为"任务"）由事件信号触发。就其性质而言，任务是随机发生的，图 13.21 展示了响应事件信号的软件行为。

观察图 13.21 可看出，这里只有一个已知的时间值，即任务执行时间。但是，该值不一定是固定量，如果程序包含条件代码，则执行时间可能会因运行过程而异。为此，应该指定最坏情况（即最长）时间值作为要求的截止时间，任务执行必须在此时间间隔内完成。毫无疑问，可以使用 WDT 来确认时间行为的正确性。

周期任务执行后，WDT 将持续运行。但是，对于非周期任务，情况则不同，WDT 必须

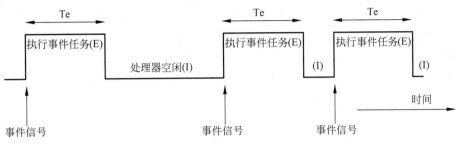

图 13.21　简单非周期任务的执行

仅在每次任务激活时才运行。要使 WDT 以这种方式工作,需使用两个命令:重新加载(踢)和停止(重置),见图 13.22。从图中可以看出,只要任务被激活,即发出重载命令;停止命令作为代码中的最后一条语句发出。

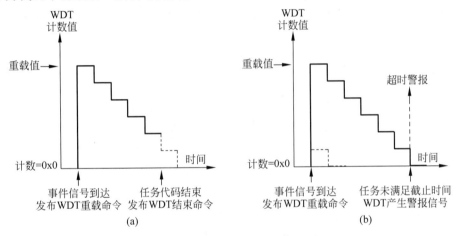

图 13.22　在非周期系统中的使用 WDT

图 13.22(a)中给出的场景是正常运行的场景,任务满足其截止时间,在 WDT 超时发生之前发出停止命令。图 13.22(b)是运行异常的场景,任务超出其截止时间,在这种情况下,在代码运行完成之前,WDT 已超时,会产生报警信号。

3. 简单周期任务及非周期任务

为了满足应用场景的需求,可以使用微控制器中的多个硬件 WDT(例如,Cypress 的多计数看门狗定时器 MCWDT)。

周期任务和非周期任务各使用一个 WDT。这种方法非常有吸引力,因为它提供了一种非常简单、值得信赖的方法来满足我们的需求。不幸的是,许多(甚至可能大多数)微控制器的片上不包含 Cypress 设计的 MCWDT 功能,微控制器通常只提供单个 WDT。在这种情况下,为简单起见,定时器必须由周期任务控制,这是可以检测到处理器仍在运行的唯一方法。

由于还需要处理非周期任务,所以超时间隔的选择会变得更复杂。如果非周期任务的优先级高于周期任务的优先级,它将从被调用的那一刻开始执行。这将在多大程度上降低周期任务的时间性能是不可预测的,原因有两个。首先,实际上不知道非周期任务多久发生一次。其次,不知道周期任务在事件到达时所处的状态。这些问题与在多任务系统中遇到的问题类似,暂时不讨论。

许多微控制器都包含两个 WDT,但通常只有其中一个用于检测程序故障。

13.6.3　窗口看门狗定时器

窗口看门狗定时器(WWDT)是一种具有附加功能的 WDT,通过比较图 13.23 和图 13.24 可以看出。图 13.23 描述了一个向上计数的简单 WDT,其中警报触发点由阈值计数值控制,该值通常由程序员在定时器初始化期间设置。从图中可以看出,T0 时刻系统发出了重载命令。该命令将启动计时器,从初始值 0x0 开始向上计数。如果计数达到阈值,定时器会溢出,并产生超时警报。重新加载和定时器溢出之间的时间间隔被定义为 WWDT 开窗时间。在开窗时刻,重载命令将复位计时器并重新启动计数过程,从而抑制警报产生。

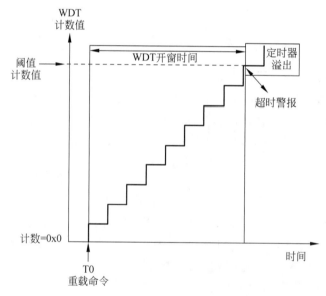

图 13.23　简单看门狗定时器操作

图 13.24 中,WWDT 在 T0 重载时间和开窗时间之间的这段时间称为闭窗时间,它设定了窗口打开时间的下限(在设备初始化期间,通过设置一个较低的阈值计数值定义)。在开窗时间,WWDT 的行为与标准 WDT 完全相同。WWDT 与 WDT 的不同之处在于闭窗时间的行为。如果在闭窗期间(如 T1)产生了新的重载命令,将产生定时器下溢警报(通常被视为重大的硬件和/或软件故障)信号。

总之,与对应的 WDT 相比,使用 WWDT 将重载命令的有效窗口时间缩小了。如果重载命令在开窗时间之外发布,太早或太晚都会产生一个看门狗警报。

WWDT 的主要应用领域是对一个(或多个)事件进行"良好性"监控,验证它是否满足

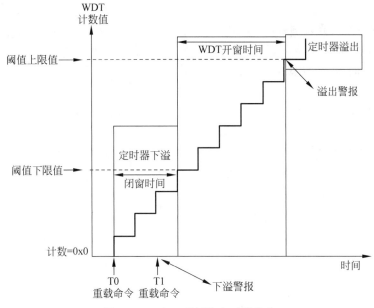

图 13.24　窗口看门狗定时器操作

时序要求。事件以特定的方式运作,激活后,它会运行预定义但不精确的时间(比如它具有下限和上限)。在进行测试操作时经常遇到这种情况(如验证 RAM 或 Flash 完整性等),其中提前完成表明出现了问题。如果发生这种情况,需要将测试结果视为不可信。

通过前面的讨论,必须指定系统的时序要求,否则将无法实现看门狗保护机制。回顾一下,关键时间特性如下。

(1) 对于周期任务——周期时间、执行时间(及其界限),以及截止时间。

(2) 对于非周期任务——执行时间(及其界限)和截止日期(响应时间)。

13.6.4　在多任务设计中使用 WDT

检测处理器系统中重大故障的最佳、最可靠的方法是采用独立的硬件 WDT。使用 WDT 很容易,现在的困难是哪个任务应该负责踢看门狗。这确实是一个至关重要的问题,因为只有这个任务失败才会产生警报,其他任务失败 WDT 将继续运行,显示系统一切正常。这个问题的解决方法是将 WDT 操作从应用任务中排除,向系统添加新任务以执行系统良好性检查,并让该任务控制 WDT。该任务称为监督或监控任务。

实现监督任务有两种最广泛使用的方法。第一种方法,在硬件 WDT 基础上增加软件 WDT。第二种方法,监督任务主动监控系统的“健康状况”,如果检测到故障则发出警报。此外,为了提高软件的健壮性,将采用以下设计限制。

(1) 在可能的情况下,任务应该是周期性的(必要时使用轮询而非中断触发)。

(2) 所有非周期任务都应使用延迟服务器技术。

(3) 任何需要超快速响应的关键中断都应绕过 RTOS,直接调用最高优先级的 ISR 来执行所需的处理。

1. 使用软件看门狗定时器

软件看门狗定时器的概念和使用与前面描述过的多计数器 WDT 相同。为每个任务创建一个单独的计时器，以在发生时间错误时提供警报功能。超时检测和后续处理由监督任务负责。

软件 WDT 技术是一种高度灵活的技术，因为可以根据任务需求定制每个定时器（实现为简单类型和窗口类型）。但它有一个致命弱点：如果定时器/监控软件出现故障，会失去所有保护，可能会导致灾难性的后果。因此需要使用硬件 WDT，这是软件错误的最后一道防线。而且，从逻辑上讲，处理 WDT 的责任被移交给了监督任务。

2. 应用任务的健康监测

在实践中，这种技术有许多细微的变化，但都是基于相同的基本原则（所有方式都可以追溯到 Agustus P. Lowell 于 1992 年 4 月在 *Embedded Systems Programming* 杂志上发表的文章 *The Care and Feeding of Watchdogs*）。每个任务使用一个标志（有时也称为状态/status、警戒/picket 或健康/sanity 标志）来指示其当前状态，由监督任务检查这些标志以查看任务是否正确运行。为了简化操作，下面以只有一个应用任务的设计为例，该任务为周期任务，见图 13.25。

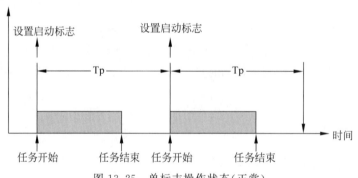

图 13.25　单标志操作状态（正常）

当任务开始执行时，它首先设置启动标志，标识其正确执行。监督任务定期检查标志状态，如果标志被置位，将清除标志。下次运行任务时会重新设置该标志。但是，如果任务完全失败，将不会执行设置动作。因此当监督任务下一次执行标志检查时，它会发现事情已经出错。针对错误的操作完全取决于系统要求。例如，可以完全复位系统，再次使用硬件 WDT（通过监控任务控制）监控系统行为。在其他情况下，挂起任务，然后提醒操作人员即可。

如果任务完全失败，这种单个标志方法可以完美运行，但不幸的是，可能存在无法检测到的故障。例如任务无法运行到完成，并总是由调度程序重新启动（如前所述），在这种情况下，开始标志将不断重新置位，因此，对监督任务而言，一切运行良好。

防止此类故障的方法是使用第二个标志，如图 13.26 所示。

在图 13.26 中，任务每次正常运行结束时，两个标志都会置位。这些标志将由监督任务

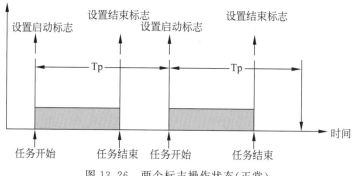

图 13.26　两个标志操作状态(正常)

定期复位(与单个标志情况相同),然后由应用任务再次置位。但是,如果应用任务无法正确运行,情况则不同。在任务完全失败的情况下,两个标志都将保持在被监控任务复位的状态。在"未能运行至完成"的情况下,结束标志将保持复位状态,但启动标志会被置位。因此两种运行情况都可以通过监督任务轻松检测到。

监控任务是我们的最终保护机制,因此,鉴于我们所述的设计前提条件,任务应该具有最高优先级别。但最小化监控任务对运行时应用任务的影响也很大,因此,监控任务应尽快完成,设计的黄金法则是"少做,快做"。

目前为止,我们所描述的监督/保护方法似乎是一种非常简单的技术。但是当向设计中添加更多周期任务时,它会迅速展现它的局限性(特别是在任务具有不同的时间属性的情况下)。当将非周期任务添加到组合中时,事情会变得更加复杂。现在尝试检测任务欠载和过载的情况,它可能很难处理精确的、快速的任务时序要求。此时,监督任务必须有较短的周期时间,即非常高的运行频率。另外,必须了解有关任务时间属性的准确和详细的信息。

如果仅在发生任务故障时保护系统,并且不必对此类故障做出快速响应,那么监控过程将变得容易。在这种情况下,可以显著减少监督任务频率,同时保证可以检测到任务失败。

13.7　操作系统与关键分布式应用

大多数实际分布式系统中的操作系统结构都是相似的,即系统的每个节点都有自己的RTOS 内核软件,它们之间使用消息传递方法进行通信。将图 13.27(a)的分布式任务抽象模型转化为实际实现的一种最简洁的方法,见图 13.27(b)。

无论是使用自有 RTOS 还是商用 RTOS,都应该提供服务软件,隐藏下列细节:

- 任务位置。
- CPU 类型和位置。
- 网络协议内容。
- 网络物理接口和信号处理功能。

实际上,这些细节对于应用程序来说是"透明"的。因此,在这个层面上,任务模型确实看起来是一个抽象的模型。

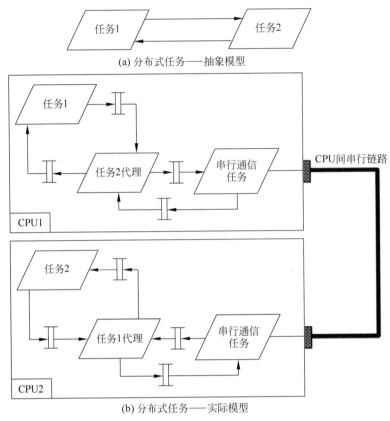

(a) 分布式任务——抽象模型

(b) 分布式任务——实际模型

图 13.27　分布式任务

根据图 13.27(a)，抽象模型显示任务 1 与任务 2 存在交互。一条消息从 1 发送到 2，消息需要应答。但是若应答永远都没到达，则显然系统中存在某种故障。分布式系统有许多潜在的故障点，主要包括网络、节点(或 CPU)及任务故障，见图 13.28。当任务 1 发出一条消息时，可以使用回环技术检查它是否真的被发布到网络上。如果网络出现故障，消息可能无法送达。

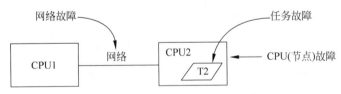

图 13.28　分布式系统中的潜在故障点

假设网路无故障，消息将到达目的节点，但如果节点故障，则不会有进一步处理。然而，像这样的问题可通过良好的系统和协议设计来识别。

如果一切顺利，消息将进入节点并被定向到任务 2。假设由于马虎的编程任务 2 已停止，则会再次失败。即使消息确实到达了任务 2，应答仍然必须返回任务 1。除了这些潜在

的故障,还必须考虑:

- 跨系统的同步操作。
- 地址错误(错误的发送者/接收者)。
- 数据错误(数据损坏、错误的数据等)。
- 消息时间错误(例如消息没有在预期的时间内到达)。
- 消息序列错误。
- 整个系统中数据(信息)的一致性。

对于关键系统,必须有处理以上这些问题的方法。此外,每个节点必须能够自我维护。因此,为每个节点指定一项任务来处理此类安全功能是有意义的。这些功能在一些为高完整性应用场景设计的 RTOS 已经提供。

最后,看看 WDT 在多核系统中的使用。实践中使用了以下两种技术。

- 每个内核一个看门狗定时器。
- 每个内核一个看门狗定时器加上一个运行在其中一个内核上的高级别监控程序。

第一种技术已在 ARM Cortex-A9 MPCore 处理器中实现,其简化形式如图 13.29 所示。

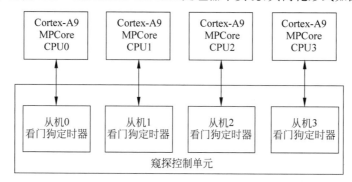

图 13.29　多核系统中的 WDT——每个内核一个 WDT(ARM Cortex-A9)

第二种方法是使用更高级别的监督程序,该监督程序通常用于当监控内核执行各种功能(如启动、重新配置和性能验证)以及与安全相关的功能。

在所有情况下,每种途径的细节都由所选的 RTOS 决定。

13.8　通过时间分区运行多个不同的应用

本节研究如何在同一个处理器上运行多个应用程序,每个应用程序都有自己的操作系统。实现的关键是使用时间分区(不要与任务分时混淆)隔离软件单元,见图 13.30,实现包含三个应用程序,每个应用程序在分区切换器(通常称为分区调度器)指定的时间段内运行。每个分区分配一段运行时间,称为次帧时间(minor frame time)。在此期间,只有该应用程序可以运行。

分区按顺序激活,该顺序按固定时间间隔循环重复,该时间间隔定义为主帧时间(major

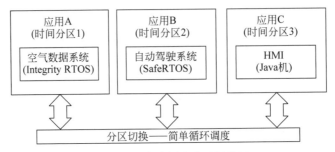

图 13.30 多应用中的时间分区

frame time)。该机制与速率组调度机制类似,速率组调度机制请参阅 14.1.5 节。

分区技术的另一个显著优势是可以在每个应用中自由地使用不同的 RTOS,如图 13.30 所示。这使我们能够在一台计算机中混合关键、非关键、定制和商业 RTOS。因此,可以在同一个处理器上运行多种不同安全等级的应用。事实上,分区技术是空中客车公司在 A380 上实施关键 RTOS 应用的基础。

在每个时间分区中执行单个应用程序,在一个时间段内可以运行多个应用程序,非常实用。

13.9 设计指南

首先,回顾一下心中的理想系统。

(1) 在功能上完全可预测。

(2) 在时间上完全可预测。

(3) 保证能检测到任务失败。

(4) 保证能检测到操作系统故障。

(5) 只需要相对少量的内存(并以确定的方式使用它)。

(6) 管理内存的使用,提供任务之间的空间分离。

(7) 如果需要,可以进行正式认证。

现实中的技术提供不同层次的性能和安全性,那么在轻微、重要和关键这三个严重等级中,可以找到哪些特征?

目前,还没有发现任何符合 IEC61508 SIL4 要求的 RTOS。

【译者注】 微软的 ThreadX 及其所有中间件通过了 IEC61508 SIL4 的安全认证等级:https://docs.microsoft.com/en-us/azure/rtos/general/functional-safety-artifacts。

1. 轻微严重等级(minor severity level)

如果只想提高诸如 FreeRTOS 等通用 RTOS 操作的健壮性,集合本章前面讨论过的内容,形成下列最佳实践指南。

(1) 在可能的情况下,将所有任务设计为无限循环的周期任务。

(2) 如果无法实现,请尽量减少设计中非周期任务的数量。

（3）理想情况下，任务应该在激活后运行至完成。

（4）使用优先级抢占技术进行调度。

（5）在每个优先等级上增加时间片循环调度。

（6）使用启发式和/或截止时间单调方法设置优先级。

（7）提供优先级继承机制。

（8）优先使用信号轮询，而不是中断驱动的操作。

（9）必须使用中断时，尽量使用延迟服务器方法。ISR 应尽可能短，并且大部分工作由非周期服务器任务完成。

（10）系统初始化时始终执行内存检查。

（11）始终进行堆栈监控。

（12）使用内存管理。

（13）尽可能使用内存保护单元。

（14）尽量减少及避免使用动态内存分配。

（15）始终使用看门狗定时器，最好是窗口看门狗。

（16）以较低的处理器利用率为目标。

2. 重要严重等级（significant severity level）

通过使用标准内核功能的受限子集来满足此级别的要求，例如 Ravenscar 配置文件中（可参考 http://www.openstd.org/JTC1/SC22/WG9/n575.pdf）的描述指定了下列功能。

（1）可以执行周期和非周期任务。

（2）支持基于固定优先级的任务，禁止动态更改优先级。

（3）允许非抢占式、协作式和抢占式调度。

（4）所有任务都是静态的，不允许动态创建或删除任务。

（5）周期任务被构造为无限循环。每个任务调用后运行至完成。

（6）最坏情况的执行时间必须是确定的。

（7）所有内核组件（例如 TCB、堆栈等）占用的内存必须静态分配。

（8）所有代码都可以进行完全静态分析。

（9）必须消除优先级翻转。

（10）仅使用能够进行可调度性分析的调度算法（例如截止时间单调调度）。

（11）必须使用看门狗技术确保不超过运行时限。这比循环调度使用的方法更复杂，必须检查每个任务。

（12）如果需要，可以对代码进行认证。

内核本身必须提供适当的支持工具，例如覆盖率、调度分析器和运行时调度跟踪器。

3. 关键严重等级（critical severity level）

除了已经指定的规则外，还可以通过遵循下面列出的规则来达到该性能水平（请注意，在某些情况下，它们会覆盖之前的规则）。

（1）任务执行（任务计划）必须是完全定义的静态执行。

（2）任务将以运行至完成模式执行，不允许抢占。

这些要求可以通过基于速率组的循环调度来满足。这实际上将设计级任务模型转换为非任务实现模型，每个任务都作为单独的顺序代码单元运行，顺序由调度程序控制。该设计中，应用软件不会调用操作系统服务。此外，操作系统软件通常在节拍中断响应中执行，可以进行完全静态分析。最后，看门狗保护非常简单，因为它只需要应用于调度器的每个次要周期。

虽然循环调度是有效的，并且已在实践中使用，例如，罗尔斯·罗伊斯公司将其用于电子航空发动机控制，但它仍有许多缺点：

（1）所有任务必须是周期的。

（2）周期（迭代）时间的选择有限。

（3）必须为实际运行时间的变化留出适当的余量——不允许发生超时。

（4）时间表可能会变得非常严格。在某些情况下，可能需要修改原始任务设计以适应可用资源（导致设计降级）。

（5）系统终生维护可能是一项非常困难和复杂的工作。

最后一方面是生命周期项目面临的主要问题。

13.10　回顾

通过本章的学习，应该能够达到以下目标。

- 充分理解"关键系统"的含义。
- 了解关键系统下列属性的重要性：故障概率、故障率、严重性等级和相关的安全完整性等级。
- 知道了导致软件系统故障的主要原因。
- 认识到在基于 RTOS 的系统中 RAM 使用的重要性。
- 充分理解任务堆栈的角色、结构、使用及测试方法。
- 知道如何检测堆栈下溢和溢出。
- 了解如何实现稳健可靠的堆栈。
- 清楚哪些操作会导致内存泄漏、内存碎片和内存耗尽问题。
- 理解为什么静态内存使用比动态分配更健壮和可信。
- 了解简单的读写模式测试、RAM 步进测试，RAM 行走测试等内存测试方法。
- 清楚导致运行时任务问题的主要因素。
- 认识到如何提高多任务系统的时序性能。
- 了解什么是主动式和被动式设计方法。
- 能够定义多任务运行时模型的理想特性。
- 理解在仅使用周期任务时才能更容易获得可预测的时间性能。
- 了解如何将非周期任务对任务调度的影响降至最低。

- 清楚为什么需在关键应用中使用 MMU 或 MPU。
- 能够指定一系列技术实现健壮和安全的任务间通信操作。
- 了解哪些问题最有可能导致任务出现故障,并知道如何检测并解决这些问题。
- 清楚看门狗定时器的用途及其运作方式。
- 了解在非任务系统中使用 WDT 的好处。
- 能够解释如何使用 WDT 为周期性、非周期性和混合周期性/非周期性软件过程提供保护。
- 了解什么是窗口看门狗定时器、它是如何工作的以及何时它应该代替简单 WDT。
- 认识到为什么在多任务系统中使用 WDT 比在单任务应用程序中复杂得多。
- 定义可在多任务处理中提供 WDT 保护的策略,并了解它们的优缺点。
- 知道什么是独立 WDT 以及为什么关键系统应该始终使用这种定时器。
- 了解分布式系统的主要故障点是什么,以及可以使用何种防御性措施实现运行的稳健性。
- 知道如何在多核系统中使用 WDT。
- 理解多任务系统中时间分区的概念和使用,以及为什么这种技术只能在更大的软件系统中得到应用。
- 能够为用于不同关键级别的多任务的设计和实现提供指导。

第 14 章

结　　语

本章汇集一些一般性的话题,这些话题与前面章节联系不大。

14.1　任务、线程和进程

14.1.1　概述

什么是任务、线程和进程? 这一定会带来一场辩论。如果有人告诉你这些术语已经有了明确的定义,你一定不会相信。现实是这样的,在软件界关于任务、线程和进程有几种定义,但是并没有哪一个是大家都普遍接受的。一个原因是每个人对于"大型机-小型机-微型机"发展历史的理解不同,另外一个原因是软件界的时尚达人们经常喜欢发明新词来取代现有的词汇(可以理解为"新瓶装旧酒")。

到目前为止,在本书中一直是将任务、线程和进程这三个词定义为同义词。不过现在,下面会扩大一下范围,为它们提供一组更通用的定义,我个人认为这些定义非常有帮助。

14.1.2　嵌入式环境的程序执行——入门指导

首先,为那些不太熟悉嵌入式处理器操作细节的人做一个简短的介绍,并对典型嵌入式环境中程序的执行做一个简单描述。这里的"ROM"表示非易失性存储,"RAM"表示易失性存储。这样的定义适用于绝大多数嵌入式系统,足以满足我们的需要。

当嵌入式处理器通电时,程序开始执行,而无须任何操作员干预。当然,这意味着程序代码必须保存在 ROM 中。请记住,我们正在描述的是电路级别的操作。处理器在启动时自动生成一个特定的内存地址,该地址存有第一条程序指令。接下来是内存读取,加载ROM 信息进入 CPU。然后机器的微码将其解释为所需的处理器操作。完成这些后,要从存储器中获取下一条指令,由微码解释并进行必要的处理器操作。只要嵌入式处理器通电,此循环就会重复。

将代码加载和存储到嵌入式处理器的过程传统上称为"PROM 编程",有时也称为"下载"。注意此类代码必须存储在正确的 ROM 位置,即"绝对"地址中。绝对地址的信息通过编译器将源代码编译获得,地址在定位过程中产生。定位器还指定要使用的 RAM 空间的地址,存放临时变量(例如程序变量、堆栈值等)。定位器的本质是将编译过程生成的相对地址翻译成处理器中使用的绝对地址。因此编程信息包含程序代码、程序常量项的值以及初始化数据变量的值。它们的组合被加载到处理器中,在这里定义这些组合为"应用程序"。

14.1.3　软件的活动、应用和任务

在此将软件活动定义为独立软件单元和处理它的硬件的组合,更准确地说,它表示正在执行的代码序列。这个简单的陈述非常深刻,因为它阐述的软件活动本质上与其他软件产品有所不同。下面来看一个系统的例子,见图 14.1(这个例子在第 1 章里做了说明)。

图 14.1　一个简单的基于处理器的实时系统

假设响应的程序是一个单个程序单元,如代码清单 14.1 所示。这只是程序代码,即使它被编辑、链接和下载到控制计算机里,它也只是代表程序和相关数据项的应用程序,认识到这一点很重要。只有程序执行的时候,它才开始活动,即成为一个活动的程序单元。另外一个观点是:活动代表了电路级的操作,这样就可以对运行系统建模,如图 14.2 所示,在图中活动的单元由平行四边形表示。

代码清单 14.1　控制计算机的源代码

```
int const EngineTopTemp = 700;   /* 700 摄氏度 */
int const LoopSampleTime = 100;  /* 100ms */
int EngineTemp;
int ConditionedEngineTemp;
int EngineTopTemp;
int ActuatorControlSignal;

void main (void)
{
  while(1) //无限循环
  {
      MeasureEngineTemp(&EngineTemp);
      ConditionTempSignal(&EngineTemp, &ConditionedEngineTemp);
      ComputeControlSignal(&ConditionedEngineTemp,&EngineTopTemp,
                                    &ActuatorControlSignal);
      SetActuatorPosition(&ActuatorControlSignal);
      DelayUntil(&LoopSampleTime);
  /* 结束循环 */
  }
/* 结束主程序 */
```

现在思考一个多活动的结构,如图 14.3 所示。假设这个系统是由一个 5 个处理器的多处理器系统实现的,而且没有使用操作系统。在这个方案中,我们计划有 5 个应用程序(代码结构与清单 14.1 类似),每一个应用程序运行在一个独立的处理器上。这样软件形成合

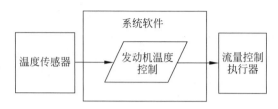

图 14.2　控制计算机软件的活动模型

作的并发单元,每个单元都是一个活动。然而,"活动"这个词在软件界中并不普遍使用。历史上这样的结构被称为"进程"。此外,这些结构和属性在早期受到大型多用户计算机需求驱动,这样的需求与嵌入式实时系统完全不一样。有人给第一代的 RTOS 公司建议使用"任务"替代"进程",以突出两种系统的差异。无法判断这个说法是真是假,为了简化大家的理解,将不使用进程一词。考虑到这一点,图 14.2 展示的是单任务的系统,图 14.3 是多任务的系统。

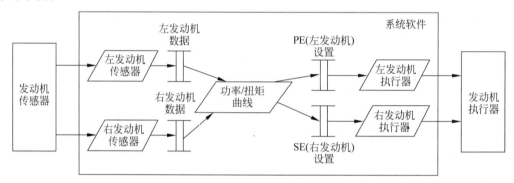

图 14.3　基于任务的设计范例

假设我们决定将软件布置在一个单处理器上,而不是多处理器,这会改变什么? 显然所有的任务将使用 RTOS 或者中断机制分时运行。但是请注意,我们使用的术语是完全相同的,称为"经典 RTOS 模型"。

现在来看一个容易引起混淆的术语"线程",这个词来自 20 世纪 60 年代的 Multics 和 UNIX 操作系统。然后这个术语直到 20 世纪 80 年代晚期才进入实时嵌入式领域,一些公司将并发单元称为线程,替代了任务。现在的情况是,在经典的 RTOS 模型术语中任务和线程是同义词。虽然使用一个统一名词是最明智的决定,但是必须面对现实世界(而不是将理想强加于世界),只要真正地理解 RTOS 在做什么,这就不会成为一个问题。

14.1.4　单处理器任务内的并发

这里,关注在任务内运行的并发单元(严格地说是准并发)。在这个讨论中,必须认识到如果任务没有运行(比如就绪或者挂起),它内部的单元不可能运行。那么为什么要在任务中使用并发? 在一个小型的嵌入式系统中不会做这件事,这样做毫无意义,因此我们讨论的是在大型嵌入式系统中运用该技术。在这样的系统中,上下文切换保存/恢复的可能不仅仅是处理器寄存器信息,比如必须要处理与数字处理器、MPU、可编程设备、存储卡和数据库操作相关的数据,这些操作的时间和存储的开销是非常大的。

理论上,这意味着应该尽量减少任务数量,然而从功能设计角度趋向于更大的任务集。我们能解决这个困境吗?在某些情况下是可以的,比如并发单元具有极强的功能或者时间聚合性,这样它们可以组合在一起,形成一个"超级任务"。将这些内部单元称为线程,它的"父级"是任务(这个结构定义为任务/线程模型)。因为线程的高度聚合性(线程之间密切相关),线程的上下文切换的开销非常小。

很少有商业的 RTOS 实现任务/线程模型,线程的调度使用简单的运行到结束的策略。

14.1.5 运行多个应用

从前面的讨论可以看出,就目标系统而言:

(1) 目标系统中应用程序所表示的信息是需要执行的软件,它是静态的项目,不代表活动的代码单元。

(2) 任务和线程是活动代码单元。

(3) 应用程序的代码可以定义为经典或任务/线程 RTOS 模型。

所以,到目前看到的实际上都是单一应用的模式,在这种情况下,应用程序并不重要,我们知道它在那里,也不会对它做什么,所以不必费心去建模。但是当开始针对一组应用程序进行设计的时候,一切都会发生变化(在第 6 章内存使用和管理中讨论过这个主题)。

到目前为止,所有单一应用程序设计均借助空间分区(如内存空间隔离)技术在并发的单元之间建立了安全的隔断墙。使用这个方法,每个任务/线程都有一段存储区,该区位于 ROM/RAM 中,可以存放永久的和临时的信息。这些分区彼此是隔离和分开的,如果需要,可以通过 MPU 监管。需要注意,使用动态内存分配时,任务间可能共享 RAM 空间。如果使用了安全的内存分配方法,这就不是一个问题(如前面章节所述)。

现在考虑一种将软件构建成一组应用程序集的情况,一般只在大型软件系统中使用这种方法,尤其是执行一组不同功能的系统,比如,雷达控制的武器系统的软件组织结构如图 14.4 所示。

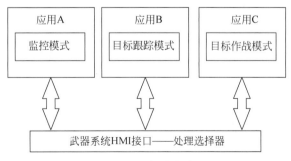

图 14.4 运行多个应用

这种系统的关键之处在于,一个时刻只能运行一个应用软件。它们是真正的互斥,但并不影响它们之间共享信息。在上面的示例中,默认情况下处理器加载监控模式,改变成其他模式的决定是由系统的操作者做出的。

在现代嵌入式系统中,应用程序很可能存放在 PROM 或者 RAMDISK 中。运行一个应用程序,它的代码和数据首先被下载到 RAM 中,后续操作都是基于 RAM 的。这样做是因为代码在 RAM 的执行速度比 ROM 要快得多。通常存储的信息使用逻辑寻址(见第 6 章),因此需要一个 MMU 将这些逻辑地址转换为物理地址,将这种组合称为"RTOS 应用模型"。

14.1.6 总结

对三种 RTOS 模型的种类和重要特性的总结,见图 14.5,这些定义也许是不现实的想法,但没关系,每个人可以有自己的意见。重要的是要了解图 14.6 定义的结构,在嵌入式实时系统中会看到它们。如果希望使用自己的术语,那么就要定义好术语的含义,然后持续地使用同样的术语。

RTOS模型 →	经典模型	任务/线程模型	应用模型
核心特点 →	单一应用软件结构包含多个并发单元	单一应用软件结构包含并发单元("父级"),每个并发单元还包含并发单元("子级")	多应用结构,每一个应用由一个经典或者任务/线程模型组成
并发单元使用的术语 →	任务和线程是同义词	"父级"=任务 "子级"=线程	依赖于任务所使用的RTOS的结构,不需要新的术语
用途 →	应用广泛	只在RTES使用,但获得了POSIX的支持	在大型软件系统中很常见

图 14.5 RTOS 模型总结

【译者注】 RTES(Real-Time Embedded System,实时嵌入式系统)。

14.2 RTOS 与 GPOS 的比较

我经常被问这样的问题:实时操作系统与通用操作系统(GPOS)有什么不同?这个问题的答案曾经非常明确,但随着 GPOS 的改进,它们之间的差异变得越来越小。总结一下,它们重要的区别在下面几方面。

(1) 尺寸(需要多少 ROM 和 RAM)。

(2) 调度策略的适用性(至少需要具备优先级可抢占的调度方法)。

(3) 提供优先级继承的解决方案。

(4) 用户可访问的中断功能(开发自己的 ISR)。

(5) 提供高分辨率定时器(某些情况需要 μs 级精度,传统 RTOS 提供 1ms 高分辨定时器)。

（6）提供内存保护机制（比如 MPU 或者 MMU）。

（7）提供操作超时机制以提高操作安全性（例如等待一个信号量）。

（8）非周期性事件处理高效及时。

（9）具备与实时设备的接口功能。

但是，需要在考量 GPOS 的所有功能后，认真评估自己的需要，每个系统都有自己特定的功能需要（大而全不一定适合）。

IEEE POSIX 标准（便携式操作系统接口标准 IEEE 1003.13）中提供了一个嵌入式系统分类的方法，其中定义了 4 种常见的嵌入式系统类型，见图 14.6。

POSIX Profile	线程	多应用	文件系统	硬 件 模 型
Profile 51 最小的实时系统	支持	不支持	不支持	深度嵌入式系统，单处理器，没有MMU，没有用户I/O设备
Profile 52 实时控制系统	支持	不支持	支持	专用的控制系统，没有MMU，文件存储在RAM(如RAMDISK)和用户I/O设备
Profile 53 专用的实时系统	支持	支持	支持	大型嵌入式系统，单或者多处理器，可能有MMU
Profile 54 多用途的实时系统	支持	支持	支持	大型实时系统，单或者多处理器，可能有MMU、网络和用户I/O设备，混合了实时和非实时任务及交互式用户任务

图 14.6　POSIX 实时系统概要（Profile）

附录 A

重要的基础设施

本附录的目的是提供一些功能的背景资料,它们并非 RTOS 核心功能,但是在实际设计中应用广泛,一些供应商也在 RTOS 产品中包装了这些功能。我希望这些资料在开发实时操作系统应用时能派上用场。

A.1 处理器间通信

1. 概述

近年来,嵌入式系统中多处理器和分布式网络系统的应用逐渐增加。第 10 章介绍了现代系统的拓扑结构,本节会在其上继续扩展。

图 A.1 所示的是微处理器系统中最简单的内部通信链。

从通信角度来讲,可认为外部设备是一个被动单元,即所有交互都由微处理器发起和控制。这样的内部通信方法在许多应用中都可以见到:显示数据、控制喷墨打印机的墨盒、监控传感器、控制执行器等。数据速率一般在几百 b/s 到 100kb/s 之间,数据链支持串行数据传输,连接方式可以是有线的,也可以是无线的。

图 A.2 所示的简单多处理器间的通信要稍微复杂一些,这里的设备是一个智能传感器(传感器上有一个处理器),这样的系统:

- 使用串行连接;
- 可能使用单向(单工)或者双向(双工)通信;
- 可能使用半双工通信,支持双向通信但是每次只能进行单向传输;
- 速度一般为低(1kb/s)到中等(100kb/s);
- 基于明确定义的通信标准,许多情形下由微处理器内的硬件生成电子信号,更复杂的和专用应用需要专属硬件。

图 A.1　通信链——处理器到外部设备　　　　图 A.2　通信链——简单多处理器

更复杂的系统需要用通信网络连接多个设备,系统规模较小时(例如汽车、机器人制造单元、工业控制系统等),可利用局域网(LAN),如图 A.3 所示。

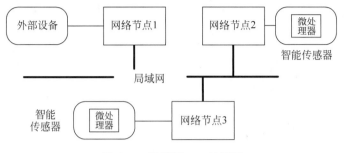

图 A.3 通信链——局域网

局域网的主要特性如下。

(1) 基于明确定义的标准,通常是行业专属的标准,比如汽车行业中的控制器局域网(CAN),航天应用中的 ARINC 664 和工业领域的现场总线(fieldbus)标准。

(2) 数据速率为中等到快速(10～100Mb/s)。

(3) 通过一系列明确定义的控制协议进行通信。

(4) 一般使用专属硬件支持网络通信。这类硬件可以整合 MCU,或者使用针对 LAN 的集成电路(比如 CAN 2.0 通过西门子 C505c 芯片进行交互)。

更大的系统往往包含一组 LAN,LAN 之间往往需要交换信息。只有一个 LAN 时,通信在网络内进行(内部网),有多个 LAN 时(见图 A.4)通信既会在 LAN 内部进行也会在 LAN 之间进行(互联网)。

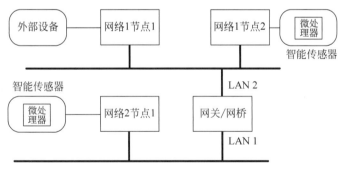

图 A.4 通信链——互联网结构

可以看到用于互联的设备是网桥或网关,LAN 类型一致时使用网桥;LAN 不同时使用网关。

互联网结构的主要特性如下。

(1) 基于若干相连的子网,结构可能相似也可能不同。

(2) 数据速率为中等到非常快(100Mb/s～1Gb/s)。

(3) 使用针对网络接口(CAN 和以太网等)的设备驱动。

（4）通过一系列明确定义的控制协议进行通信。

到目前为止假设每个计算设备都有一个微处理器（可能是多核的），但是有些应用需要非常高的计算性能，一个处理器的处理能力不够，这时就需要多个计算机相互连接了。这样的结构往往在高性能模块化航空电子系统中出现，如图 A.5 所示。

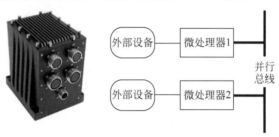

图 A.5　通信链——多计算机系统

像这样的多计算机系统一般有如下特征。

（1）物理通信介质为平行背板，典型总线位宽为 32～128 位。

（2）高数据速率，比如 VPX（ANSI/VITA 46.0—2019）的最高速率为 6.25Gb/s。

（3）使用定制的数据处理协议。

综上可知，现代嵌入式系统对网络媒体、拓扑结构、数据速率和协议有着多元化的要求。

2. 通信功能的概念模型

由以上内容可知，通信功能是一个系统不可缺少的部分。为了满足不同的需求，许多 RTOS 供应商提供一整套网络功能，这让操作系统和通信功能之间的区别变得模糊起来。

本节提供网络功能和相关规则（协议）的概述，其目的并不是用作应用实现的指南，而是帮助读者理解网络功能对 OS 尺寸和性能的影响。现如今，即使最小的嵌入式系统也能够进行网络通信，所以了解相关知识非常重要，在这样的系统中网络功能往往是影响 OS 尺寸的主要原因，它会大幅增加 RTOS 的最终尺寸。

网络功能的发展可以说是一个偶然，特别是在嵌入式系统中。网络结构、功能和协议一般是公司和行业特定的，这让不同的系统几乎不可能互相"交谈"。为了建立一些秩序，ISO（国际标准化组织）设立了一个项目，目的是针对通信功能建立一个概念模型——开放式系统互联（OSI）参考模型。该模型的核心思想是用户间的通信应该通过若干定义好的步骤进行，模型还做出了三个要求：①每一步的动作必须是高度整合的；②步骤之间的依赖性应该降到最低（低耦合）；③层与层之间的接口应该尽量简化。

下面通过一个简单的类比来理解 OSI 模型。人们通过邮政服务互相寄信联络，可以寄出不同的物品：平信、明信片、小册子等。虽然寄出的物品大小不同，但邮政服务会通过（几乎）一样的方式处理它们，换言之，邮政服务不会受到"消息"不同的影响。

现在用一系列定义好的步骤来描述这个过程，图 A.6 中爱丽丝通过邮政系统送给宝莲一张生日卡。

发送者爱丽丝选择一张生日卡，并在上面写了几句祝福的话，在 OSI 用语中这是表示层。她将生日卡放到信封中，写好地址，然后把信封投进邮筒中（会话层）。接下来，邮递员（传输层）收集信封并带回到分拣中心（网络层）。信封上的地址被扫描和分析（数据层），从而确定最佳的寄送方式（航空、海路或者陆路——物理层）和目的地分拣中心。经过相同但是顺序相反的分层操作后，用户 2（宝莲）最终收到生日卡。

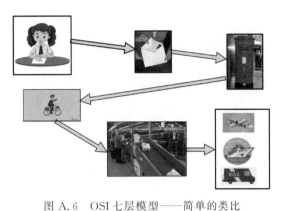

图 A.6　OSI 七层模型——简单的类比

下面是 OSI 模型中各层的简短定义。

- 物理层：在物理链路上传输数据位。
- 数据链路层：在链路上提供可靠的数据传输。
- 网络层：负责所有连接的控制和网络上数据的端到端传输（包括路由）。
- 传输层：让数据能够在端点间可靠和透明地传输，并根据需要支持网络的流控制机制。
- 会话层：控制应用间端到端的会话。
- 表示层：OSI 环境和应用间的接口，比如数据的转换、加密、压缩等。
- 应用层：向应用提供访问 OSI 环境的方法。

OSI 七层模型从理论上看很好，但是实践是完全不同的事情，它和新的网络产品的开发并没有直接联系，在嵌入式应用中真正的 OSI 协议是否存在也是一个疑问。OSI 模型为三个实用模型的开发提供了参考框架：简单串行链路连接；局域网（LAN）、个域网（PAN）和城域网（MAN）；互联网通信。

下面会探讨这些模型和七层模型的关系。所有的样例都基于标准技术，不考虑 DIY（自己开发）的方法。

3. 简单串行链路连接模型

点到点通信一般通过简单串行链路连接方式进行，这类方法将系统的物理和数据链路控制形式化，即实现 OSI 模型的前两层（见图 A.7）。它们完全不对其他层进行要求，开发者可以根据需要实现其他更高层的活动。

最简单的模型之一是 RS232，目前依然被广泛使用。模型的物理层对应用的机械和电子层面做出了要求，比如电子连接器类型、连接器引脚细节、电信号电平、逻辑值（即 0 和 1）和线路控制/数据信号的关系、最长线缆长度、信号速率。

说到底，模型的这一层定义了数据位传输的实现方法，但并没有对这些位的含义作出任何规定，这是链路控制层的责任。

链路控制层的典型工作：消息的格式化（这里每个数据字长为 7～9 位）；增加起始、结束和错误检查位；管理流控制机制。注意：一对一通信方法不需要提供地址信息。许多现代微控制器通过板上 UART（通用异步接收器发射器）支持这类功能。

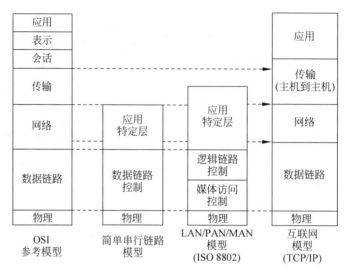

图 A.7　通信协议模型

一个有趣的小知识：RS232 的最初目的是将电传打印机/打字机连接到电话调制解调器上，而不是一个网络标准。

4. 局域网系统

局域网在实时嵌入式世界中是最常见的计算机间通信方式，在实践中有着从简单到复杂多种不同的网络实现。有些是行业特定的，有些则在多个行业中应用。在实践中通常会遇到下面几种。

（1）I2C：相对简单，不针对特定行业。

（2）SPI（串行外设接口总线）：相对简单，不针对特定行业。正如名字所示，SPI 常用于 MCU 与外设的通信。

（3）LIN（本地互联网络）：相对简单，专门针对汽车行业开发，主要用于连接 MCU 和汽车传感器/执行器。

（4）CAN（控制器局域网）：一个复杂的网络标准，用于汽车系统中（包括一个 RTOS 规范）。

（5）ARINC 664：高性能网络，用于飞机航电系统。

这些网络的共同点是可以通过 ISO 8802 模型描述它们的功能，如图 A.7 所示（基于美国电气电子工程师学会 IEEE 802 标准）。从图中可以看到，数据链路层分为两个子层：媒体访问控制（MAC）和逻辑链路控制（LLC）。

MAC 软件的任务是控制和数据网络实际进行交互的硬件，一般提供以下功能：
- 在被传送的消息上添加目的地单元的网络地址。
- 在被传送的消息上添加来源单元的网络地址。
- 保护系统不受传入消息错误的影响。
- 保证消息流结构的正确性。

- 控制对物理传输介质的所有访问。

在实践中这些功能的实现方式取决于具体 LAN。

下面考虑 LLC 子层,其核心目的如下:

- 支持多路访问网络的运行(分布式访问,没有单一的主节点)。
- 控制消息流、消息的同步和错误管理。
- 提供机制让使用不同协议的网络能够协作。
- 指定发送地和目的地地址。
- 在每个传送的数据块中提供查错信息。

图 A.8 简单地描述了应用与 LLC/MAC 数据结构的内容和关系。注意:用户(应用)数据的结构和内容完全由用户负责,这里完全没有任何预先定义的格式。该数据单元传送到 LLC 层后被格式化为 LLC 协议数据单元(PDU),可以看到数据结构中整合了地址、控制信息和用户的数据。需要澄清的是:这些地址指计算机内的发送者和接收者,而不是单元的网络地址,这些地址被称为服务接入点(SAP)。

图 A.8　应用、LLC 和 MAC 数据格式

LLC PDU 接下来被传送到 MAC 层,这一层在 PDU 的基础上添加网络地址、查错码和 MAC 控制码单元,得到的结果是一个 MAC 帧。

每一层的协议一般是一个子程序(函数),这样 LLC 函数本身便成为了一个 API,用户提供必要的信息调用 API,API 进而会调用 MAC 函数直接控制系统的硬件。

许多工业网络遵循该模型,包括基于 CAN 的系统。快速和关键实时系统中的大多数 LAN 都属于这一类型。

5. 互联网通信——TCP/IP 简介

互联网通信的事实网络标准是传输控制协议/互联网协议,即 TCP/IP。这一套协议起初用于美国国防数据网络,现在已经是互联网的实际标准了。

我们应该讨论 TCP/IP 的一些细节(作为和 OS 相关的话题),理由有以下三个。

(1) 嵌入式系统往往需要为高层功能提供接口,比如管理报告、统计数字收集、远程监控等。这意味着要与其他网络进行交互,这些网络多半基于 TCP/IP。

(2) 实现这些接口的软件既庞大又复杂,最好使用标准的、由供应商提供的网络协议。

(3) TCP/IP 的复杂性、执行速度、代码尺寸和特性让其不适合需要实时性和安全性的场合。

从图 A.7 可以看到 TCP/IP 模型和 OSI 模型十分接近,其运行概念可以用一个简单的类比来解释:外交快递服务。考虑如下场景:一个堪培拉的外交官想要将一部敏感装置交给在莫斯科的同事,最好和最安全的方式是通过外交包裹服务让快递员递送。外交官将装置包装起来送到快递办公室,为了符合国际标准,包裹上贴上了额外的标签。接下来快递员根据包裹的目的地预定航班,然后他前往机场,走到登机门。登机开始时他排队让航空公司工作人员检查登机牌,然后登上飞机飞往目的地机场。在目的地,这个过程会反过来,快递员最终将包裹交给收信人。

这个过程可以用 TCP/IP 模型描述。

(1) 整个快递系统和相关的运行过程——TCP/IP 过程。

(2) 外交官的动作——应用层。

(3) 快递办公室提供的服务——传输层,使用传输控制协议。

(4) 快递员的动作——网络层,使用互联网协议。

(5) 航空公司工作人员的动作——链路层,TCP/IP 在这一层并未指定特定的协议。

(6) 航班——物理层,TCP/IP 在这一层也并未指定特定的协议。

这个过程中还有更多类比:

(1) 网络上的物理单元——使馆快递办公室。

(2) 这些物理单元的地址——快递办公室的地址。

(3) 消息的来源和目的地——外交官。

(4) 消息内容——依据外交官而不同。

6. 互联网通信——TCP/IP 协议概述

本节是 TCP/IP 协议的高层概述,不会讨论具体的结构。本节有以下三个目的:

(1) 介绍并解释协议的术语,让读者能更好地理解协议。

(2) 当供应商在 RTOS 产品中捆绑 TCP/IP 软件时,读者能够理解产品中包括什么。

(3) 帮助读者理解为什么使用 TCP/IP 会对 MCU 的存储和性能属性产生显著影响。

先梳理以下几个概念。

(1) 协议:组织和发送网络消息时要遵循的规则。

(2) 协议结构:每个通信标准(如 OSI 和 ISO 8802)中协议的涵盖范围和结构。

(3) 协议栈:特定应用中使用的一组协议。

(4) 数据报:互联网中基础的数据传输单元(数据报一词源自数据和电报)。

(5) 服务接入点(SAP):计算机主机中应用的地址。

TCP/IP 协议支持许多不同的应用,以下是几个典型的例子。

(1) 在系统中传输文件——文件交换。

(2) 客户端-服务器超文本操作——透明的文件访问。

(3) 电子邮件。

(4) 远程登录——在计算机上加载远程终端。

下面通过发送电子邮件的例子来理解 TCP/IP 的基础运作。当用户按下"发送"时,应用程序通过 SAP(端口)访问 TCP 层,见图 A.9。注意:这里的 TCP 层代表图 A.7 中传输层和网络层的组合。

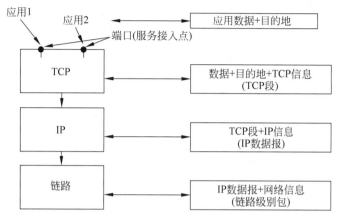

图 A.9　TCP/IP——消息结构和内容

这个过程将电子邮件信息(数据)和目的地地址传送到 TCP 层,见图 A.10。

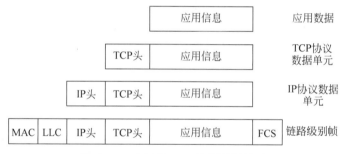

图 A.10　TCP/IP——协议数据单元

控制信息在这里被添加到数据上,于是得到了 TCP 段。TCP 段通过传输协议传到 IP 层,这一层会添加地址和控制信息到 TCP 段上,从而得到 IP 数据报。数据报接下来被传入链路层,构成链路级数据包。每一步大约会添加 20B,所以每个被传输的数据包中有 62B 左右的开销。

许多连接到 TCP/IP 网络的系统都是基于 UNIX 的,所以现代操作系统经常支持UNIX 特有的通信方法:嵌套字和流,见图 A.11。

在这里端口是一个通信频道的逻辑端点,嵌套字是用户进程和通信频道的连接,所以可以向嵌套字中写入数据,或者从嵌套字中读取数据。

流是管道的一种,用于将一个程序的输出传送到另一个程序。

可以用商业固定电话系统来类比。物理层:用于语音通信的固定电话。互联网地址:总机电话号码。端口:分机电话号码。嵌套字:座机听筒。

TCP/IP 包括一系列软件协议,图 A.12 所示的是其中一部分,图中展示了它们和各层的关系。

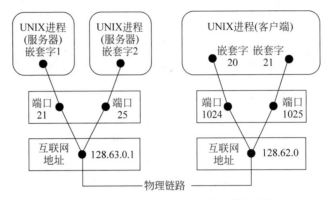

图 A.11   基于 UNIX 系统的处理器间通信

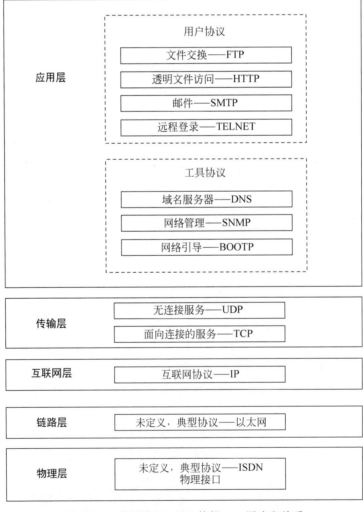

图 A.12   重要的 TCP/IP 协议——用途和关系

正如在图 A.10 中看到的,TCP/IP 让每个数据包的长度都大幅增加(一般大于 60B)。通信对于时间关键性要求不高的时候,消息长度不是什么问题,但对于快速、对时间敏感的应用而言就不是如此了。这样的情形下(特别是嵌入式应用)消息的长度一般非常短,往往只有几字节,TCP/IP 的时间开销是完全不可接受的。

第二个问题是 TCP/IP 实现的存储(ROM)需求。在 Linux 系统中目前的默认值是 87380B,RTOS 供应商一直在尝试降低存储需求。比如 FreeRTOS＋TCP 被描述为"可扩展、开源和线程安全的 FreeRTOS TCP/IP 栈",介绍中还提及"FreeRTOS＋TCP 提供熟悉的标准伯克利嵌套字接口,其易用性让程序员能够快速上手"。

从表 A.1 中可以看到协议栈的尺寸是 34.9KB,相比 Linux 大幅降低。更好的消息是,根据 FreeRTOS 的数据,使用编译器优化手段可以将其进一步降低到 20KB。

表 A.1　协议栈尺寸——FreeRTOS＋TCP

文　　件	代码大小/KB	文　　件	代码大小/KB
FreeRTOS_DHCP.c	1.9	FreeRTOS_UDP_IP.c	0.7
FreeRTOS_DNS.c	3.5	FreeRTOS_TCP_IP.c	7.0
FreeRTOS_Sockets.c	6.6	FreeRTOS_TCP_WIN.c	2.2
FreeRTOS_Stream_Buffer.c	0.3	BufferAllocation_1.c	0.8
FreeRTOS_IP.c	3.5	最大代码大小	34.9
FreeRTOS_ARP.c	8.4		

7. 网络协议缩写

1) 应用层——用户协议

FTP(文件传输协议)——用于从一台计算机将文件复制到另一台计算机。

SMTP(简单邮件传输协议)——用于在发送者和接收者间发送和接收邮件,或者实现邮件中继。

HTTP(超文本传输协议)——用于定义网络服务器和浏览器间消息的格式、传输方法和处理方式。

TELNET(终端登录网络协议)——用于计算机远程访问和管理。

2) 应用层——工具协议

DNS(域名服务器)——用于将域名翻译成 IP 地址。

SNMP(简单网络管理协议)——用于在网络设备间交换管理信息。

BOOTP(引导程序协议)——用于配置服务器向网络设备分配 IP 地址。

3) 传输层

UDP(用户数据报协议)——用于以"发送后不管"模式传输数据(目的地不会确认数据包的到达)。

TCP(传输控制协议)——用于在客户端和服务器间建立连接后传输数据。

4) 互联网层

IP(互联网协议)——定义在独特的网络设备间如何发送数据包,这些设备能用它们的互联网地址(IP 地址)辨识。

A.2 嵌入式系统中的图形用户界面

1. 简介

本节和人们使用计算机系统相关,所以更准确的名称应该是"用户界面"。不过,众多的现代应用都使用图形界面,所以在标题中包括"图形"就显得更加合理了。当然,"图形用户界面(GUI)"本身也是一个人们熟知的名词。

图形显示器已经在嵌入式系统中应用多年了,早期有两种主导的类型:低成本的字母数字显示器和相对昂贵的复杂颜色显示器。如下是三种典型的较为昂贵的应用:飞机驾驶舱仪表(玻璃驾驶舱)、声呐扇区扫描显示器、监督控制和数据采集(SCADA)系统的控制室显示器。

这些应用将复杂的、更新速率快的实时数据呈现出来,这对软件的要求十分苛刻,时常超出主处理器的能力。于是专门的图形显示处理器(GDP)被开发出来并用于显示子系统中,对于主处理器而言 GDP 是外设,如图 A.13(a)所示。

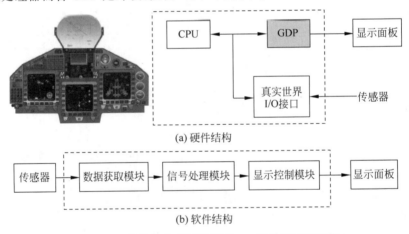

图 A.13 传统嵌入式图形界面——硬件和软件功能

【译者注】 这里 GDP 是 Graphics Display Processors 的缩写,即图形显示处理器,目前流行的说法是图形处理器(Graphics Processing Unit,GPU)。

在许多情形下,被送往图形系统的主信号(例如引擎转速、进气压力、排气温度等)是由设备而不是人产生的。图 A.13(b)所示的是处理上述引擎数据的典型软件过程。

该方法有一个重大问题,GDP 软件和核心应用高度相关,而且非常烦琐和复杂,开发者必须同时熟悉核心应用和 GDP 编程。这个问题会给成本、可靠性、时间长度、能力水平带来负面影响。

为了解决这个问题,软件开发过程必须得到简化,可采用图 A.14 所示的基础软件结构模型。这里的关键是从核心应用中将图形界面(GDP 特定)的代码分割出来。在优雅的设计中,图形代码应该包装在一组软件库中,库提供简单整洁的接口,这样核心应用的开发就可以和图形软件的开发分离。

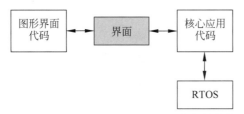

图 A.14　嵌入式图形系统——基础软件结构模型

2．现代用户界面开发

近年来嵌入式系统中图形用户界面的应用大幅增加(强调用户直接与计算机系统交互的场景),如手机、个人数字助手、电子测试设备、车内导航系统等。

图 A.15 所示的是一个软件和设备关系的整体视图。

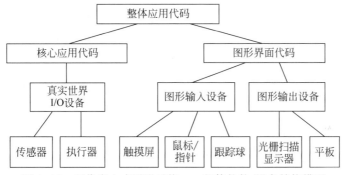

图 A.15　现代嵌入式图形系统——整体软件/设备结构模型

和前面一样,整体应用代码被分为两部分:核心应用代码和图形界面代码。核心应用代码负责和真实世界的设备交互,例如传感器、执行器等,图形界面代码负责和图形相关的输入和输出设备。需要注意的是,实际情况不一定是这样,在较为简单的小型系统中也许会直接从核心应用代码访问图形设备。更好的解决方案是由操作系统提供与图形界面和设备相关的支持。另外,图形界面代码时常可以通过 GUI 构建工具产生。

在实践中能够实现的解决方案很大程度取决于具体的硬件平台,见图 A.16。

考虑下面两个极端:运行 Windows 10 的 PC,和运行自制 OS 的定制硬件。第一种情况下,OS 能够识别连接到 PC 的所有标准用户接口设备,PC 专用的 GUI 构建工具(像 Altia Design 或者 Adobe After Effects)可以针对这些设备生成所有必要的软件"挂钩"。该方法让开发者能够构建下面的用户界面(举例而言):

(1) 整合鼠标能够激活的按钮。

(2) 将按钮和相关的中断关联。

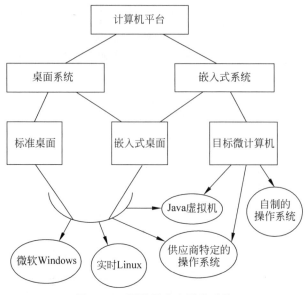

图 A.16 硬件平台和操作系统

(3) 将中断和负责输入、处理和输出活动的源代码连接起来。

第二种情况下,OS 大概对接口设备一无所知,代码必须特别为此进行编程。而且,图形设备和应用软件的关系应该和图 A.14 类似。

商用和研究用嵌入式系统处于这两个极端之间,我们的问题是:"使用这些 OS 时开发 GUI 有多容易/困难?"答案取决于每个操作系统支持的功能。在进一步讨论细节前,先重新评估基于图形的现代嵌入式系统的软件结构(见图 A.17)。

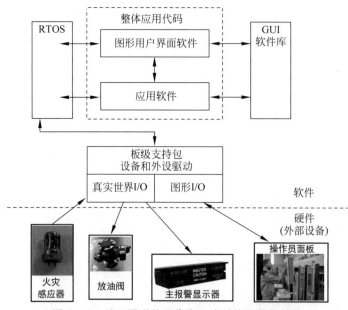

图 A.17 基于图形的现代嵌入式系统的软件结构

图中显示了系统软件各个组件间的关系以及系统软件和(外部)硬件设备间的连接。

图中应用程序代码大体上分为两类："GUI软件"和"应用软件"。图中还包括数个真实世界的外部设备,后面很快就会知道为什么要以它们为例。

GUI和应用软件都会和RTOS交互,且GUI软件和应用软件间也有交互。从GUI的角度来看,与应用的接口非常重要。假设RTOS的板级支持包(BSP)中附带了所有必需的I/O驱动,则GUI软件就能够独立于应用软件访问图形I/O设备。

现在讨论两个样例运行场景(这里只展示一种实现)。第一个样例场景展示了当外部事件(比如火警信号)产生中断时系统的反应,第二个样例场景展示了当操作员向系统发出任务命令时系统的行为(本例中是放油)。

场景1的运行顺序如图A.18所示,图中展示了该过程的两方面:软件结构和交互、系统任务图示。

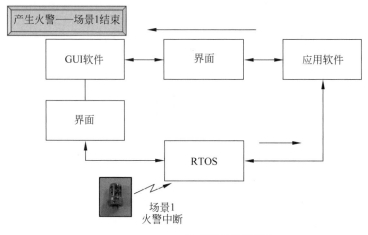

(a) 软件结构和交互

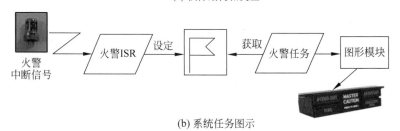

(b) 系统任务图示

图 A.18 运行场景 1——处理工厂信号

中断信号本身由RTOS ISR处理,但是大量的工作会由延期服务器任务"火警"处理。这个任务会调用GUI软件在外部警报单元上生成警报(RTOS运行任务模型,但是任务代码是应用软件的一部分),GUI软件命令主警报单元显示火警消息。接下来,场景2的运行顺序如图A.19所示。

这一场景在操作员向系统发出放油命令时开始,首先一个"按钮按下"中断信号产生,放

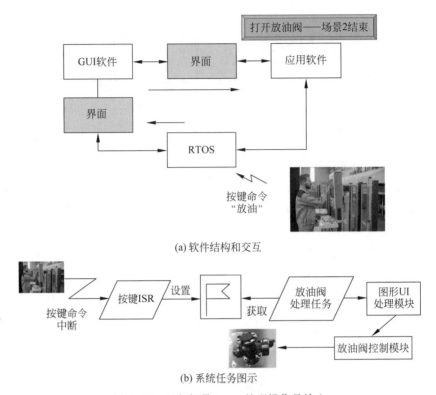

(a) 软件结构和交互

(b) 系统任务图示

图 A.19　运行场景 2——处理操作员输入

油阀处理任务开始运行，并调用图形界面处理模块实现和操作员的所有交互，调用放油阀控制模块(应用软件的一部分)打开阀门。

3．GUI 集成开发环境

开发图形界面时有三个重要的问题：要产生的图形的种类；设计和搭建 GUI 的技巧；测试、评估和演示 GUI 的方法。

一个完整的集成开发环境(IDE，见图 A.20)应该将这三点纳入考虑，提供合适的工具和软件库。IDE 的好坏应该取决于它们能否帮助开发具有以下特性的界面：可靠、可移植、可扩展、可配置、网络兼容(特别是 TCP/IP)、能够和范围广泛的设备交互。

图 A.20　GUI IDE 的基本功能

图 A.21 所示的是选择 GUI IDE 时需要考虑的重要方面。

图中展示了三种不同的方式。第一种的目标是优化 UI 的速度、尺寸和可靠性，第二种的目的是开发与互联网高度兼容、灵活的 UI，第三种旨在开发与互联网兼容、能在多个平台

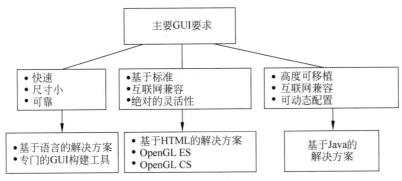

图 A.21 搭建嵌入式 GUI——主流方法

上运行的高度可移植的 UI。第三种方式不适用于深度的嵌入式项目,不会深入介绍。

1) 针对速度、存储尺寸和可靠性进行优化

基于语言的解决方案能够给出优秀的结果。一般 GUI 和应用软件是用同一种语言编写的(例如 C++),两者的交互实际上是通过链接不同源代码进行的,此方法灵活、可扩展而且可移植(和不同的操作系统进行交互),不过也有其缺点。

(1) 它和特定语言挂钩,一定程度上限制了可移植性。

(2) 这个过程非常耗费时间(和使用专门的 GUI 构建器相比)。

(3) 目标代码是编译、链接、定位后的结果,在运行时不能进行配置。不过对于许多嵌入式系统而言这不是问题,在这些系统(特别是关键系统)中,动态配置不是首选方式。

使用商用的图形显示控制器软件库能够显著提高生产力,一个例子是 RAMTEX 公司针对图形 LCD 控制器的 C/C++ 驱动库,适合中、小型 LCD 和 OLED 显示器。

使用预先定义好的软件库是高度提倡的方法,使用专门的 GUI 构建工具则是更好的方式。GUI 构建工具的传统功能主要是为桌面类型的计算机(运行 Windows、macOS 或者 Linux)生成界面。嵌入式领域和桌面非常不同,这里许多不同的 RTOS 和多种显示器类型组合在一起。好几家供应商针对这一市场推出了专门的 GUI 构建工具,值得特别提及的有两个:Segger emWin 和 Swell 软件的 PEG(可移植嵌入式图形)。

Segger 这样介绍 emWin:emWin 是一个嵌入式 GUI 解决方案,它与单任务和多任务环境下的私有和商用 RTOS 兼容。GUI 以 C 源代码的形式提供。emWin 可以适应任何物理和虚拟显示器,并不依赖于特定的显示控制器或者目标 CPU。

emWin 的特点(营销文稿的风格)如下。

(1) 通过强力但是易用的 API 创建令人惊叹的图形。

(2) 使用任何显示器和任何控制器。

(3) 使用任何 ANSI C/C++ 兼容的开发环境。

(4) 经过实践证明的可靠性。

(5) 提供完整的图形用户界面解决方案。

PEG 面向同样的市场,可以和基于 RTOS 的设计整合,比如它可以和 smx RTOS 紧密结合。

PEG＋和 smx RTOS 的消息、内存管理和同步服务完全整合。PEG＋的输入设备由中断驱动,并且使用 RTOS 服务将用户输入信息传递给图形用户界面。

PEG＋可以支持多个 GUI 任务,这些任务可以有不同的优先级,每个任务都可以直接创建、显示和控制任意数量的 GUI 窗口或者子控制视图。

最小的 PEG＋尺寸是大约 150KB 代码空间、4KB 栈空间和 8KB 随机访问内存。典型的全功能 PEG＋GUI 尺寸是大约 170KB 代码空间、4KB 栈空间和 16KB 随机访问内存。

【译者注】 2010 年 Swell 软件被飞思卡尔收购,之后飞思卡尔并入恩智浦。

2) 基于标准的方式

第二个方式是运用一个与互联网兼容、灵活的"标准"编程语言搭建 GUI。一些 GUI 开发工具支持通过超文本标记语言(HTML)进行编程。一些用户界面本身的编程使用 HTML,但是需要特定的方式将界面与应用软件联系到一起,这种方式可能是供应商特定的(影响可移植性)。另外,实现的类型决定界面能否动态配置。实践中有几个行业特定的标准被采用,比如 OpenGL ES,其介绍如下:

一个用于在嵌入式和移动设备中渲染高级 2D/3D 图形的免版税、跨平台的 API,支持控制台、手机、电器和汽车等场景。其中包含桌面 OpenGL 中适用于低功耗设备的子集,并提供灵活、强力的图形加速硬件接口。

对于需要小尺寸和安全性的市场还有一个安全关键的子集 OpenGL SC,适用于航天和国防应用,以及汽车和医疗设备领域。这个子集能够简化安全关键认证,保证可重复性,满足实时要求。

A.3 回顾

通过本章的学习,应该能够达到以下目标。

- 知道嵌入式系统中网络互联的方法。
- 懂得如何通过通信协议模型描述这些方法。
- 了解描述网络运行的不同协议模型。
- 理解这些协议模型的相似性:OSI、TCP/IP、LAN(802)和简单串行链路连接。
- 领会到这些协议层的作用:物理、数据链路(包括 MAC 和 LLC)、网络、传输和应用。
- 熟悉以下概念:协议架构、协议栈、协议数据单元、数据报、服务接入点、互联网地址、端口和嵌套字。
- 认识到支持互联网运行需要一整套不同的协议。
- 意识到协议的实现会增加传输消息的大小。
- 对实现协议栈所需的存储空间有一定概念。
- 能够描述 GUI 在嵌入式系统中的典型应用。
- 理解 GUI、应用和 RTOS 软件的结构和互相的关系。
- 知晓 GUI 软件开发有许多种方法。
- 学习到开发 GUI 软件的典型方式、方法论和标准。

参 考 指 南

1. 通信产品

（1）USB：SEGGER emUSB Device 是专门为嵌入式系统所设计的高速 USB 协议栈，软件是用 ANSI C 书写，可以运行在任何平台上。

（2）网络：

- FreeRTOS＋TCP 网络协议入门。
- 针对初学者的 TCP/IP 模型和协议套件。
- TCP/IP 模型解析：Cisco CCNA 200-30。
- 串行数据传输标准。
- SEGGER emNet TCP/IP stack：为高性能、多功能性和小内存占用而优化的协议栈，几乎可以在任何 CPU 上使用。

2. 文件系统

SEGGER emFile 是一个可用于嵌入式应用的文件系统，可支持任何媒体介质，提供基本的硬件访问功能；也是一个高速和多功能软件库，针对 RAM 和 ROM 中最小内存消耗进行了优化。

3. 图形用户接口（GUI）

- OpenGL ES 视频。
- PEG（Portable Embedded Graphics）软件。
- Segger emWIN 软件。
- emWin 视频。

4. 性能测试

（1）Dhrystone benchmark：针对 ARM Cortex Dhrystone 性能测试。

（2）Whetstone benchmark。

（3）Hartstone benchmark：它有一系列时序要求，用于测试系统处理硬实时应用程序的能力。

（4）Rhealstone benchmark：Rhealstone 测试数据是从实时系统性能最关键的六类活动中获得的总和，与实际应用无关。Rhealstone 指标可以帮助开发人员选择适合他们应用的实时计算机系统。

（5）SPEC benchmarks：SPEC 旨在为不同计算机系统上密集型工作负载的计算提供性能比较测量。

（6）EEMBC benchmark 软件：EEMBC 对预测广泛的嵌入式处理器和内存子系统的性能有帮助。

（7）CoreMark：旨在成为嵌入式系统中央处理器（CPU）性能测量的基准测试，由 EEMBC 的 Shay Gal-On 于 2009 年开发，励志成为行业标准，取代过时的 Dhrystone 基准测试。

5. RTOS

（1）Azure（以前的 ThreadX）RTOS 是一个嵌入式开发套件，包括一个为资源受限的设备提供高可靠、高性能、小而强大的操作系统。

（2）Deos 是一个经过验证的全功能 DO-178 A 级实时操作系统（RTOS），它解决了航空电子设备和安全关键应用的高稳健性和正式可认证性问题。

（3）Segger 的 embOS 旨在成为嵌入式实时应用程序开发的基础。

（4）eSOL 是一家多核和多核处理器软件开发解决方案的领先供应商。

（5）FreeRTOS 是一个针对微控制器和微处理器的免费使用、市场领先的小型实时操作系统。

（6）DDC-I 的 HeartOS 是一个基于 POSIX 的硬实时操作系统，速度快、尺寸小且功能强大，适用于包括有安全性苛求的大多数中小型嵌入式应用。

（7）INTEGRITY 来自 Green Hills Software，是领先的 RTOS，广泛用于有安全性苛求的嵌入式系统。

（8）ITRON 是日本开放标准，是硬实时嵌入式 RTOS 应用程序。ITRON 和 μITRON 是 ITRON 项目 RTOS 规范的名称。μ 表示特定规范，用于较小的 8 位或 16 位 CPU。基于 μITRON 的 API 开源 RTOS 示例规范是 eCos 和 RTEMS。

（9）QNX Neutrino RTOS 支持非对称多处理（AMP）和对称多处理（SMP），以及绑定多处理器（BMP）。

（10）RTX 实时操作系统：Keil RTX 是专为 ARM 和 Cortex-M 设备设计的免版税、确定性实时操作系统。

（11）SafeRTOS 是面向微控制器的、经过安全认证的嵌入式实时操作系统（RTOS）。SafeRTOS 及其工业设计保证包已通过 TÜV SÜD 的 IEC61508 SIL3 预认证。

（12）SMX 来自 Micro Digital，是一种实时操作系统，专门用于嵌入式系统。

（13）ThreadX（现在是 Azure）来自 expresslogic，专为深度嵌入式应用而设计，它还通过了安全关键应用的认证。

（14）VxWorks 来自 Wind River，是嵌入式系统的主要 RTOS 之一，它有多种版本，针对特定行业量身定制。

（15）μC/OS-Ⅲ 来自 Micrium，是一个高度可移植、可固化、可扩展、抢占式、实时、确定性多任务内核，可用于微处理器、微控制器和 DSP。

【译者注】 μC/OS-Ⅲ现在已经是一个开源软件,商业版本由 Weston Embedded Solutions 维护。

6. 工具

(1) QNX Momentics 工具套件：Momentics 是一个全面的、基于 Eclipse 的集成开发环境,它具有创新分析工具,并可最大限度地了解系统行为。Momentics 让开发人员对实时交互、内存配置文件一目了然。专用多核工具可帮助开发者将代码从单核迁移到多核系统,并安全地优化性能。

(2) Atollic TrueSTUDIO 是应用于 ARM 微控制器的 C/C++编译器和调试器开发套件。Atollic TrueINSPECTOR 是一款用于静态源代码分析的专业工具。Atollic TrueANALYZER 在系统测试期间测试覆盖率。Atollic TrueVERIFIER 分析源代码,对于每个功能自动生成带有单元测试的测试套件,并能在目标板上自动执行。

【译者注】 ST 收购了 Atollic,并将 Atollic TrueSTUDIO 集成到其知名的 STM32Cube 开发环境,命名为 STM32CubeIDE。

(3) IAR Embedded Workbench 一个集成开发环境,包含的 IAR C/C++编译器可以生成基于 ARM 处理器的性能最快、代码最紧凑的应用程序。

【译者注】 IAR Embedded Workbench 除了支持 ARM 版本,还广泛支持 8/16/32 位 MCU,最新版支持 RISC-V 处理器。

(4) Tracealyzer 是一款功能强大且直观的可视化工具,可更快、更轻松地进行故障排除,并提高软件质量、性能和稳健性。

(5) RAPID RMA 中包含多种分析工具,支持设计人员针对各种设计场景的模型测试软件,并评估不同的实现方式可能对优化其系统的性能的影响(通过隔离和识别软实时系统和硬实时系统中潜在的调度瓶颈的方式)。

(6) Stateviewer 是一个插件式内核感知调试器,供工程师使用 IAR Embedded Workbench、Keil 或 Eclipse 环境使用。

(7) SEGGER Embedded Studio 是一个精简而强大的 C/C++ IDE(集成开发环境),用于 ARM 微控制器。

【译者注】 SEGGER Embedded Studio 最新版支持 RISC-V 处理器。

(8) Keil μVision IDE 结合项目管理、制作工具、源代码等功能在一个强大的环境中进行编辑、程序调试和完整的仿真。

(9) Green Hills Probe 是一个连接到板载调试端口的高级硬件调试设备,支持大多数现代微处理器上的 IEEE 1149.1 JTAG 和 BDM 调试接口,这些微处理器来自 30 多家制造商的 1000 多种芯片。Green Hills Probe 具备灵活的电气接口,以及开箱即用的 Green Hills 多核系统支持。长期以来,Green Hills Probe 为嵌入式项目提供快速、可靠的调试、编程和系统可见性。

参考资料

更多更详细的资料请扫描右侧二维码查看。

附录 C

缩 略 语 表

AMP	Asymmetric Multiprocessing	非对称多处理
API	Application Program Interface	应用程序接口
BMP	Bound Multiprocessing	绑定多处理器
BSP	Board Support Package	板级支持包
CPU	Central Processing Unit	中央处理器
DRAM	Dynamic Random Access Memory	动态随机存取存储器
EDS	Earliest Deadline Scheduling	最早截止时间调度
EPROM	Erasable Programmable Read-Only Memory	可擦可编程只读存储器
FCFS	First-Come-First-Served	先到先得
FIFO	First-In-First-Out	先入先出
FP	Floating Point	浮点
HAL	Hardware Abstraction Layer	硬件抽象层
HRRN	Highest Response Ratio Next	高响应比优先调度算法
IDE	Integrated Development Environment	集成开发环境
ISR	Interrupt Service Routine	中断服务例程
IWDT	Independent Watchdog Timer	独立看门狗定时器
JTAG	Joint Test Action Group	联合测试工作组
KWIPS	Kilo Whetstone Instructions Per Second	千 Whetstone 指令/秒
LIFO	Last In First Out	后入先出
LLF	Least Laxity First	最低松弛度优先算法
MIPS	Millions of Instructions Per Second	每秒百万指令
MMU	Memory Management Unit	内存管理单元
MPU	Memory Protection Unit	内存保护单元
MPU	Microprocesser (Microprocessing Unit)	微处理器(微处理单元)
NMI	Non-maskable Interrupt	不可屏蔽中断
NVRAM	Non-Volatile Random Access Memory	非易失性随机存取存储器
NVRWM	Non-Volatile Read-Write Memory	非易失性读写存储器
OCD	On-Chip Debug	片上调试
OS	Operating System	操作系统
OTPROM	One-Time Programmable ROM	一次性可编程只读存储器

PC	Program Counter	程序计数器
PD	Process Descriptor	进程描述符
RAM	Random Access Memory	随机存取存储器
RMA	Rate Monotonic Analysis	单调速率分析
ROM	Read-Only Memory	只读存储器
RTOS	Real-Time Operating System	实时操作系统
SJF	Shortest Job First	最短作业优先算法
SMP	Symmetric Multiprocessing	对称多处理
SP	Stack Pointer	栈指针
SRAM	Static Random Access Memory	静态随机存取存储器
SRT	Shortest Response Time	最短响应时间
SWD	Serial Wire Debug	串行调试
Ta	Task arrival (activation) time	任务到达(激活)时间
Tb	Resource blocking time	资源阻塞时间
TCB	Task Control block	任务控制块
Td	Task deadline	任务截止时间
Te	Execution time	执行时间
Tec	Amount of task execution currently completed	已经完成的任务量
Tel	Amount of task execution left	剩余任务量
Tg	Time to go to deadline	到截止时间前的时间
TOD	Time Of Day	当前时间
TOS	Top Of Stack	栈顶
Tp	Task period	任务周期
Tr	Response time	响应时间
Ts	Spare time or laxity	空闲时间/松弛度
Tw	Waiting time	等待时间
U	Utilization	利用率
WDT	Watchdog Timer	看门狗定时器
WWDT	Windowed Watchdog Timer	窗口看门狗定时器
WIPS	Whetstone Instructions Per Second	Whetstone 指令/秒